高等职业教育艺术设计类课程规划教材

Photoshop 实战案例教程

王亚全　高　丹　主　编
王　洋　刘克晓　副主编
张晓艳　主　审

大连理工大学出版社

图书在版编目(CIP)数据

Photoshop实战案例教程 / 王亚全，高丹主编. -- 大连：大连理工大学出版社，2024.6（2025.7重印）
高等职业教育艺术设计类课程规划教材
ISBN 978-7-5685-4715-4

Ⅰ. ①P… Ⅱ. ①王… ②高… Ⅲ. ①图像处理软件—高等职业教育—教材 Ⅳ. ①TP391.413

中国国家版本馆CIP数据核字（2023）第198076号

大连理工大学出版社出版
地址:大连市软件园路80号 邮政编码:116023
发行:0411-84708842 邮购:0411-84708943 传真:0411-84701466
E-mail:dutp@dutp.cn URL:https://www.dutp.cn

大连天骄彩色印刷有限公司印刷 大连理工大学出版社发行

幅面尺寸：240mm×225mm 印张：13.5 字数：269千字
2024年6月第1版 2025年7月第2次印刷

责任编辑：马 双 责任校对：周雪姣
封面设计：对岸书影

ISBN 978-7-5685-4715-4 定 价：59.80元

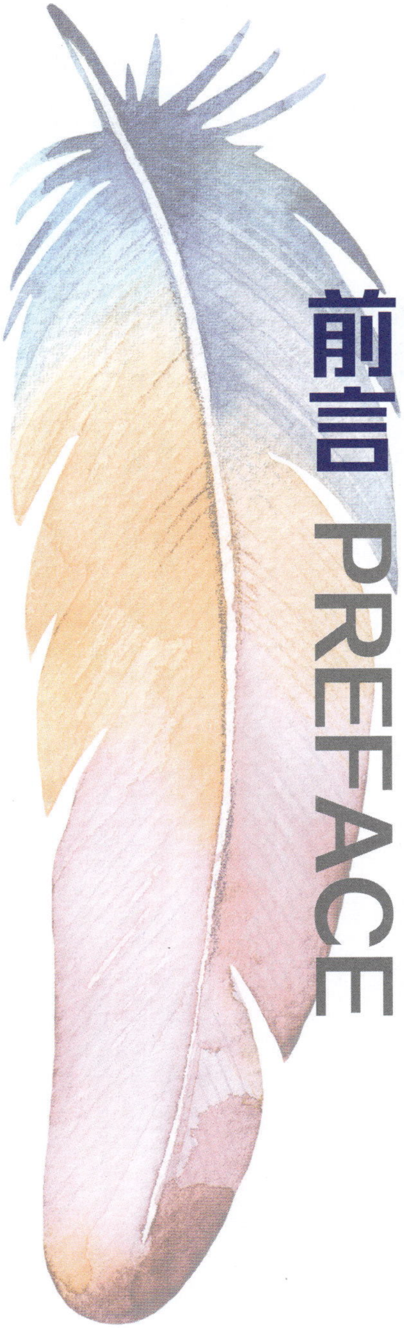

前言 PREFACE

随着信息技术的飞速发展，图像处理技术已成为现代社会不可或缺的一部分。Adobe Photoshop CC作为一款图像处理软件，其强大的功能和广泛的应用领域，使得学习和掌握这一技能变得尤为重要。

党的二十大报告提出“推进文化自信自强，铸就社会主义文化新辉煌”，新时代新征程中艺术教育的使命任务，务必遵从习近平总书记关于“坚守中华文化立场，提炼展示中华文明的精神标识和文化精髓”的论述；在传承弘扬中华优秀传统文化、彰显中华美学精神的基础上，以高度的文化自信创新创造艺术教育的方法体系、内容体系、学科体系、学术体系、话语体系，为中国式现代化建设贡献力量。

在编写本教材的过程中，编者始终坚持以学习者为中心的理念，注重理论与实践的结合。力图贯穿三个特色：鲜明的时代特点——理念创新、内容新颖；突出的实用特点——突出实用技能、突出实用案例；有利于教学的特点——循序渐进、深入浅出，适用于案例驱动式教学，有利于调动学生的学习积极性。本教材由基础知识、操作入门、强大选区、字体设计、绚丽多彩、动图设计、三维空间、图像优化、综合设计等九大模块组成，通过这些实例的学习，读者不仅能够掌握Photoshop CC的基本技能，还能够在实际操作中不断提升自己的创新能力和解决问题的能力。

教材案例积极响应国家关于课程思政的号召，将思想政治教育贯穿于教材的始终。在每个实例的学习中，我们都注重引导读者思考背后的思想内涵和社会价值，培养读者的审美情趣和人文素养。通过这样的学习，读者不仅能够提升技能水平，还能够增强对社会的认知和对人生的思考。

本教材编写组成员有河北科技大学王亚全、王洋，河北工程技术学院高丹等教师，在编写过程中曾得到国内高校师友们以及大连理工大学出版社编辑的鼎力支持，更是编者多年来艺术教学实践经验的总结。本教材为河北省精品在线开放课程“Photoshop数字图像处理”、河北科技大学课程资源库“平面软件Photoshop”、河北工程技术学院校级思政示范课成果应用教材，并得到工作单位领导的支持，在此表示由衷感谢。

在编写本教材的过程中，编者参考、引用和改编了国内外出版物中的相关资料及网络资源，在此表示深深的谢意！相关著作权人看到本教材后，请与出版社联系，出版社将按照相关法律的规定支付稿酬。

目前文化创意产业发展日新月异，编者在艺术学科建设及教学改革的经验方面仍需不断进步，加之编写水平有限，本教材仍存在不足之处，敬请各位专家、同行、读者批评指正，多提宝贵意见和建议，以便下次修订时改进。

编　者

2024年6月

所有意见和建议请发往：dutpgz@163.com

欢迎访问职教数字化服务平台：https://www.dutp.cn/sve/

联系电话：0411-84706671　84707492

目录 CONTENTS

本书微课资源列表

续表

模块一

基础知识——初识Photoshop CC

知识目标

熟悉Photoshop常用名词的概念、Photoshop CC工作界面组成模块，熟练掌握常规面板参数的设置等。

能力目标

熟练掌握如何安装与卸载Photoshop CC软件、Photoshop CC文件的基本操作。

素质目标

培养创新意识，提高审美和人文素养。

培养工具分类、分析的能力，提升效率；提倡和谐、灵活的设计发展观。

重点难点

重点：在Photoshop CC中进行新建、打开、置入、导出、存储、关闭等文件基本操作。

难点：在Photoshop CC中使用辅助工具，如标尺、参考线、网格等。

参考学时

任务1 认识Photoshop CC	1课时
任务2 开启Photoshop之旅	1课时
任务3 文件的基本操作	1课时
任务4 文件页面查看	1课时
任务5 辅助工具的使用	1课时

任务1

认识 Photoshop CC

任务目标：

1. 了解Photoshop图像处理软件的工作范畴
2. 熟悉Photoshop的工作界面

任务说明：

Photoshop不仅仅是一款图像处理软件，更是设计师的必备工具之一。在绘图软件问世之前，一个设计作品往往需要设计师绘制大量的草图、设计图、效果图。而在技术蓬勃发展的今天，数字化处理早已融入设计师的日常生活和工作。Photoshop软件既是画笔又是画纸，我们可以在软件当中随意绘画，插入漂亮的图片和文字，掌握此软件无疑是获得一把“利剑”。数字化的制图过程不仅能节约大量时间，更能精准化地表现设计作品。

Photoshop CC软件，全称为Adobe Photoshop CC，是由Adobe Systems公司开发并发行的一款图像处理软件。为了更好地理解，可以把全称的三个单词分开来解释：“Adobe”是Photoshop所属公司的名称；“Photoshop”是软件名称，缩写为“PS”；“CC”是这款Photoshop的版本号。

从20世纪90年代开始，Photoshop多次进行版本的更新。如早期的Photoshop 5.0、Photoshop 6.0、Photoshop 7.0，后升级为Photoshop CS4、Photoshop CS5、Photoshop CS6，时至今日流行版本为Photoshop CC 2020及以上版本，图标如图1-1所示。

图1-1　Photoshop CC图标

那何谓“图像处理”呢？简单来说，图像处理一般是指用工业相机、摄像机、扫描仪等设备拍摄得到一个大的二维数组后，对其进行的编辑修改过程。比如，把灰蒙蒙的风景照变成艳丽明亮的，如图1-2所示。提取设计中需要的素材内容，用在之后的编辑或者图形创意当中。一些素材如图1-3所示。好看的图形创意如图1-4所示。

那么用Photoshop软件可以进行哪些设计呢？除了平面设计之外，还有展示设计、UI设计、服装设计、产品设计、游戏设计、动画设计等。每个设计领域还可以进一步分化。例如平面设计包括海报设计、印刷品设计、插画设计、电商美工设计等，如图1-5~图1-8所示。

接下来我们看一下Photoshop界面的完整样貌。Photoshop的工作界面由菜单栏、选项栏、工具箱、状态栏、图像编辑窗口及控制面板组成，如图1-9所示。

图1-2　风景照

图1-3　素材

图1-4　图形创意

图1-5　海报设计

图1-6　印刷品设计

图1-7　插画设计

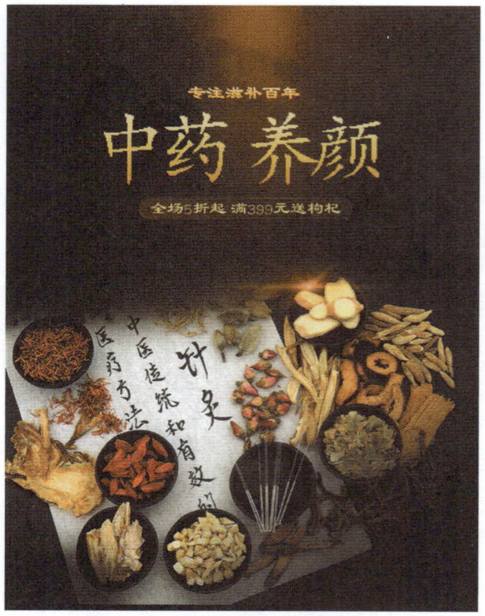

图1-8　电商美工设计

图1-9　Photoshop界面

1. 菜单栏

在该栏中共排列了11个菜单，包括【文件】、【编辑】、【图像】、【图层】、【类型】、【选择】、【滤镜】、【3D】、【视图】、【窗口】和【帮助】，每个菜单都有一组命令。如图1-10所示。

图1-10　菜单栏

2. 选项栏

在工具箱中选择了一个工具以后，选项栏中就会显示出相应工具的各个设置选项，以供用户自行设置，如图1-11所示。

图1-11　选项栏

3. 状态栏

状态栏位于Photoshop界面底部，如图1-12所示。其中可以显示图像的缩放比例、内存的占用情况，还可以显示处理的进度。

图1-12　状态栏

4. 工具箱

工具箱包含各种绘图工具，单击某一工具按钮就可以执行相应的功能，如图1-13所示。单个工具命令会在后续案例中讲解。

5. 控制面板

界面右侧的小窗口称为控制面板，用于配合图像编辑和Photoshop的功能设置，如图1-14所示。

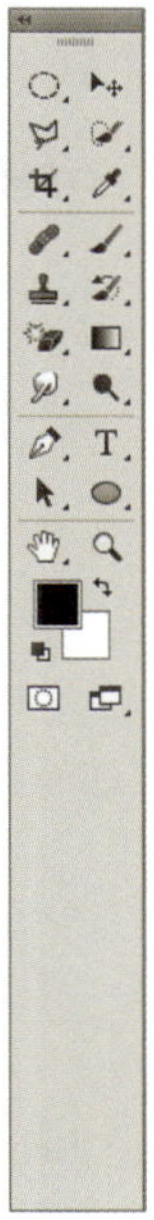

图1-13　工具箱

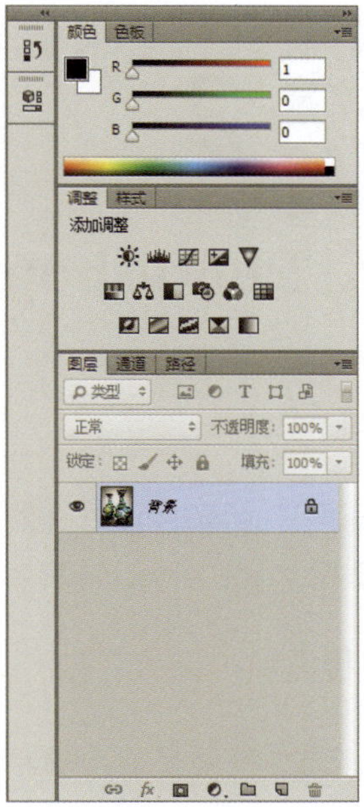

图1-14　控制面板

经验指导

Adobe Systems公司为了照顾Photoshop用户多年来养成的视觉习惯，很人性化地提供了多种界面颜色，用户可用切换快捷键的方法来选择。对于主界面颜色，我们通常选择黑色：黑色界面能避免视觉疲劳，操作起来画面简洁明亮，便于正确调色。

如需快速降低界面亮度可按快捷键“Shift+F1”；要提高亮度可按快捷键“Shift+F2”；或者选择“编辑→首选项→界面”菜单命令，在“外观”栏的从黑到白四种选项中选择一种。

任务2

开启Photoshop之旅

任务目标：

1. 掌握Photoshop软件的安装、退出方法
2. 熟悉Photoshop常用名词的概念

任务说明：

在正式开始学习之前，我们需要安装Photoshop软件。不同版本的Photoshop软件，安装方式略有不同。本书讲解的是Photoshop CC版本，其他版本的安装方法并不复杂，可以通过网络自学。

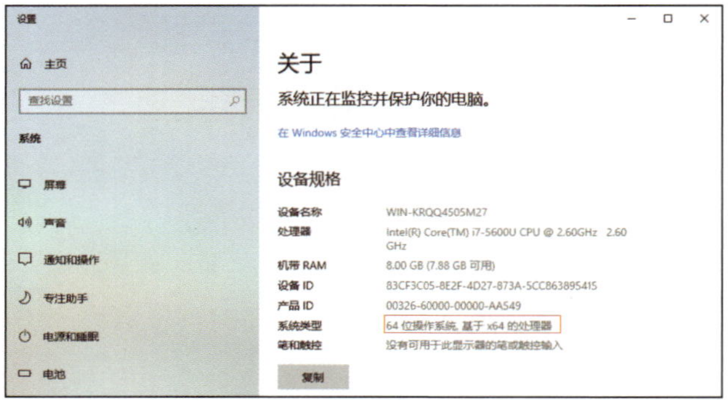

图1-15　查看电脑系统类型

完成过程：

（1）在安装之前，一定要查看自己电脑的系统类型，右击“我的电脑→属性”菜单项，弹出如图1-15所示窗口。注意：Photoshop CC不支持Windows XP系统。

（2）打开安装包文件夹，双击红底白字图标的“Set-up.exe”启动安装程序，然后在软件许可协议窗口单击“接受”按钮，如图1-16所示。

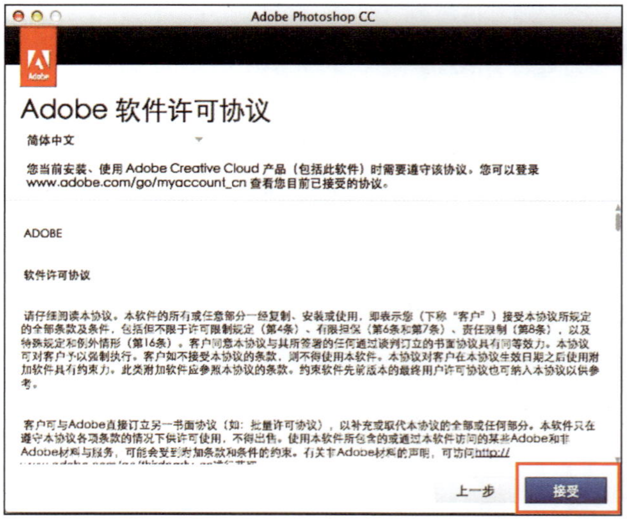

图1-16　软件许可协议窗口

（3）选择安装位置，本任务选择安装在C盘。安装窗口如图1-17所示，等待安装进度条前进到100%。

（4）安装完成后如图1-18所示，单击“关闭”按钮即可。

我们在正式开启Photoshop之旅之前，还要了解一些图像处理的基本知识，如：位图、矢量图、像素与分辨率等概念。

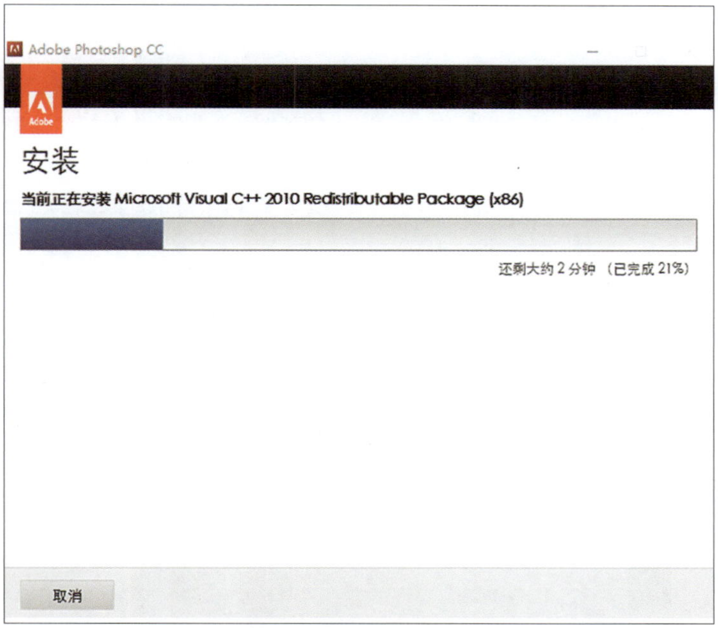

图1–17　正在安装

图1–18　安装完成

Photoshop所处理的对象分为位图与矢量图两大类，各有各的优、缺点，正确认识与对待它们，有利于在实际应用中创建和编辑图形图像。在认识二者之前，须先了解像素的概念。

1. 像素

在Photoshop中，像素是组成图像的最基本单元，是一个个小矩形色块。一个图像通常由很多像素组成，这些像素被排列成横行或纵列。当我们用缩放工具把图像放大到一定比例时，就可以看到类似马赛克的效果。每个像素都有不同的色值，单位长度的像素数越多，图像的品质越好，图像就越清晰。

2. 位图

位图是Photoshop常用的图像样式，是由颜色不同的一个个像素组成的，因此又称为像素图或点阵图。位图的特点是可以表现色彩的变化和颜色的细微过渡，产生逼真的图像效果。但这类图像容量较大，会占用较大的内存空间。如图1–19所示。

图1–19　位图

放大之后，可明显看出位图由像素组成，如图1–20所示。

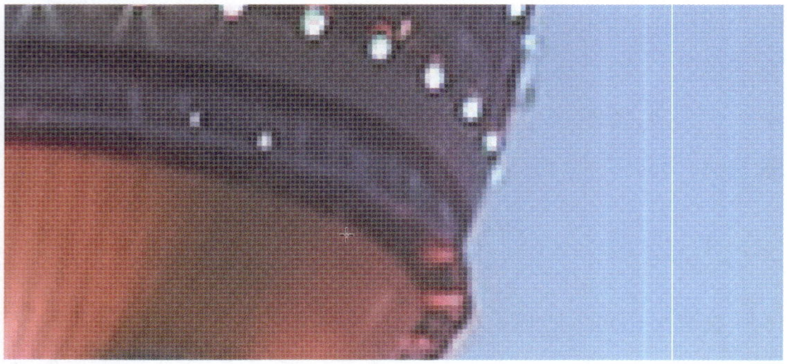

图1-20　由像素组成的位图

3. 矢量图

矢量图是由经过精确定义的直线和曲线组成的，这些直线和曲线称为向量，因此矢量图又称为向量图。其中每一个对象都是独立的个体，它们有各自的色彩、形状、尺寸和坐标等属性。在矢量图编辑软件中，可以任意改变每个对象的属性，而不会影响其他对象，也不会降低图像的品质。

矢量图与像素和分辨率无关，也就是说，可以将矢量图缩放到任意尺寸，可以按任意分辨率打印，而不会丢失细节或降低清晰度。这类图像的优点是，创建的文件小，占用的内存小；缺点是，图像简单。位图与矢量图放大后的对比效果，如图1-21所示。

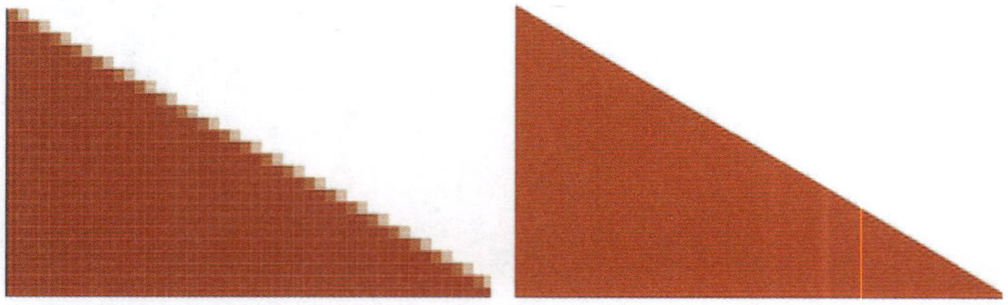

(a) 位图　　(b) 矢量图

图1-21　位图与矢量图放大后的对比效果

4. 分辨率

图像的分辨率，指的是位图的清晰程度，单位是ppi（每英寸所包含的像素数）。分辨率的高低与图像的大小有着密切的关系，分辨率越高，所包含的像素数越多，图像的信息量就越大，因此文件也越大。

图像的分辨率=像素数/图像尺寸

例如：一幅1 500像素×900像素的图像，分辨率为300 ppi，则打印尺寸就是5英寸×3英寸。图像的分辨率越高，输出就越清晰，处理中的图像应保持尽可能高的像素数和色彩数。

经验指导

安装Photoshop CC的电脑配置要求如下：需要额外的可用空间（无法安装在基于闪存的可移动存储设备上），显示器最低分辨率为1 024×768（推荐1 280×800），配备符合条件的硬件加速OpenGL图形卡，支持16位颜色，配备256 MB VRAM。

任务3

文件的基本操作

任务目标：

1. 掌握Photoshop文件的新建、打开和关闭方法
2. 熟悉Photoshop的存储、导出及常用保存格式

任务说明：

我们直接打开Photoshop之后，会发现很多功能是无法使用的，这是因为Photoshop当中没有可操作的文件，这时需要我们新建文件或打开图片文件。对文件进行编辑的过程中，会经常用到“置入”操作。文件制作完成后，还需要对文件进行存储，而存储涉及的文件格式也是我们必不可少的知识储备。

完成过程：

（1）在Photoshop CC中，使用“文件→新建”菜单命令来设置文档或图像的页面大小及图像的属性，或者使用键盘上的快捷键“Ctrl+N”来进行页面设置，如图1-22所示。

图1-22 “新建”命令

（2）在打开的“新建”对话框中，可以设置图像的一些基本属性。界面可以大体分为三个部分：顶端是预设的尺寸选项组；中间是预设选项或最近使用过的设置；底端是自定义选项设置区域，如图1-23所示。

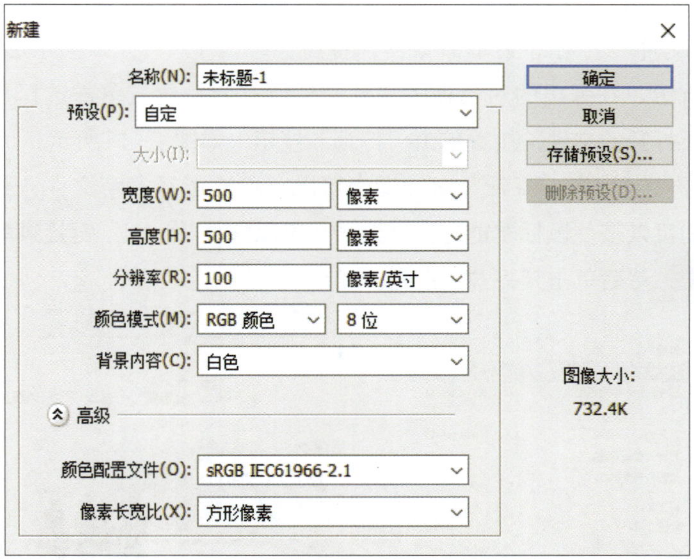

图1-23 “新建”对话框

①名称：是文件的名称，默认情况下的文件名为“未标题-1”，可以根据需要自行输入名称。

②预设：选择一些内置的常用尺寸，也可以选择“自定”，自己选择单位，输入需要的尺寸。

③大小：用于设置预设类型的大小。

④宽度/高度：设置文件的宽度和高度，其单位有“像素、英寸、厘米、毫米、点、派卡、列”共7种。

⑤分辨率：用来设置文件的分辨率大小，其单位有“像素/英寸”和“像素/厘米”。分辨率越高，印刷质量就越好。

⑥颜色模式：设置文件的颜色模式及相应的颜色深度。

⑦背景内容：设置文件的背景内容，有“白色、背景色、透明”三个选项。

⑧颜色配置文件：用于设置新建文件的颜色配置。

⑨像素长宽比：用于设置单个像素的长宽比。通常情况下保持默认，也可以按需进行相应的更改。

（3）想要处理数码照片，或者想要继续编辑之前的设计方案，就需要在Photoshop中打开已有的文件。执行“文件→打开”菜单命令（快捷键“Ctrl+O”），如图1-24所示，在弹出的对话框中找到文件所在的位置，单击选择需要打开的文件，接着单击“打开”按钮，如图1-25所示。

（4）在“打开”对话框中可以一次性选择多个文件，我们可以按住鼠标左键拖曳框选，也可以按住“Ctrl”键连续单击，然后单击“打开”按钮。

（5）如果要打开扩展名与实际格式不匹配的文件，或者没有扩展名的文件，可以执行“文件→打开为”菜单命令，如图1-26所示。弹出“打开为”对话框，选择文件并在“打开为”下拉列表中为它指定正确的格式。如果文件不能被打开，则指定的格式与文件的实际格式不匹配，或者文件已经损坏。

（6）执行“文件→置入”菜单命令，在弹出的对话框中选择素材，如图1-27所示。素材会以“链接”的形式置入当前文件。以“链接”形式置入的素材并不是真正地存在于Photoshop文件中，而是仅仅通过链接在Photoshop中显示。原始图片经过修改后，在Photoshop中的该素材效果也会发生变化。如果被链接的文件所在位置变化，或者更改名称，就可能出现素材丢失的情况。所以移动文件时要注意链接的素材也需一起移动。“链接”形式的优势在于其素材不存储在文件中，所以不会给Photoshop文件增添过多的负担。

图1-24　“打开”命令

图1-25　“打开”对话框

图1-26　“打开为”命令

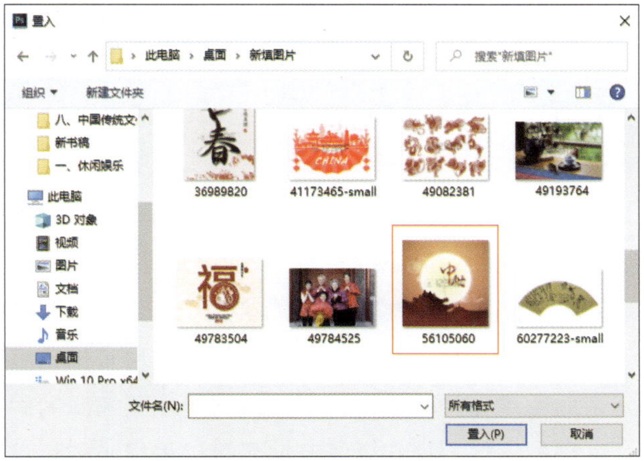

图1-27 “置入”对话框

（7）将当前操作保存到当前文档中，需要执行“文件→存储”菜单命令（快捷键“Ctrl+S”）。如果文档存储时没有弹出任何对话框，则会以原始位置进行存储。存储时将保留所做的更改，并且会替换上一次保存的文件。

当然，想要对已经存储过的文档更换位置、名称或者格式后再存储，也可以执行“文件→存储为”菜单命令（快捷键“Shift+Ctrl+S”）打开“另存为”对话框，在这里进行存储位置、文件名、保存类型的设置，设置完毕后单击“保存”按钮，如图1-28所示。

（8）“导出为”命令（图1-29）可以方便地将文件导出为特定格式、特定尺寸的图片文件。对要导出的文件执行“文件→导出→导出为”菜单命令，在弹出的对话框中可以进行导出文件的格式、图像大小、画布大小等参数设置，随着参数的设置还可以在窗口中预览导出效果，设置完毕后单击“全部导出”按钮。

（9）完成设计工作后，需要关闭文件，可执行“文件→关闭”菜单命令（快捷键“Ctrl+W”），如图1-30所示，关闭当前所选的文件。单击文件窗口右上角的“关闭”按钮，也可以关闭所选文件。执行“文件→关闭全部”菜单命令或按快捷键“Alt+Ctrl+W”可以关闭所有打开的文件。

在实际的工作中，针对不同的使用要求，我们应将图像

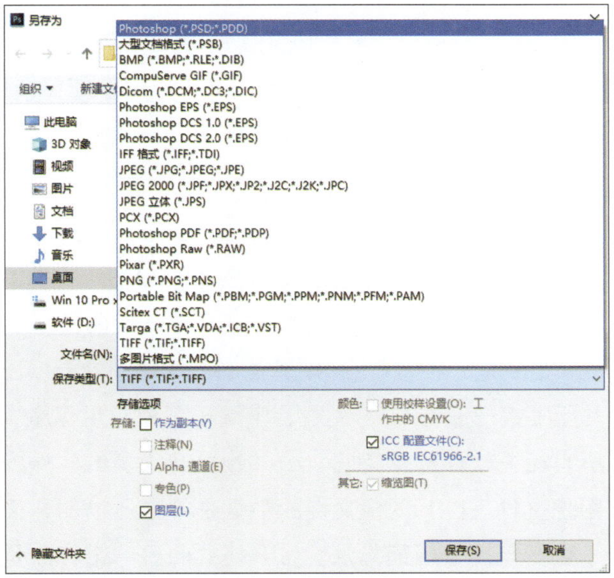

图1-28 “另存为”对话框

图1-29 “导出为”命令

图1-30 “关闭”命令

用不同的格式进行存储和输出。常用的图像文件格式有以下几种：

1. PSD格式

PSD（Photoshop Document）是Adobe Systems公司图像处理软件Photoshop的专用格式。这种格式可以存储Photoshop中所有的图层、通道、参考线、注解和颜色模式等信息。在保存图像时，若图像中包含层，则一般用PSD格式保存。PSD文件保留所有原图像数据信息，因而修改起来较为方便。大多数排版软件不支持PSD格式的文件，但由于PSD格式是一种图形文件格式，因此使用看图软件如ACDSee等是可以打开的。

2. BMP格式

BMP（Bitmap）是Windows操作系统中的标准图像文件格式，Windows画笔程序就使用BMP格式。它支持1~32位的色彩深度，支持RGB、索引颜色、灰度、位图等颜色模式。这种格式包含的图像信息较丰富，几乎不进行压缩，所以文件所占用的磁盘空间也较大。但在Photoshop中这种格式的文件不能保存Alpha通道、路径等信息。

3. TIFF与TGA

TIFF（Tagged Image File Format）是标签图像文件格式，这种格式主要用来存储包括照片与艺术图在内的图像文件。由于这种图像格式较复杂，存储信息多，所以占用的存储空间大，其大小是GIF图像的3倍，是相应的JPEG图像的10倍。但在Photoshop中TIFF支持灰度、RGB和CMYK等颜色模式，如今它是一种被广泛接受的标准格式。

TGA（Targa）格式是计算机上应用最广泛的图像格式之一。在兼顾了BMP图像质量的同时又兼顾了JPEG的体积优势。在CG领域常作为影视动画的序列输出格式，因为兼具体积小和效果清晰的特点。

4. JPEG

JPEG是一种常见的图像格式，它由联合图像专家组（Joint Photographic Experts Group）开发，JPEG标准被命名为“ISO/IEC 10918-1”。JPEG文件的扩展名为.jpg或.jpeg，其压缩技术十分先进，它用有损压缩方式去除冗余的图像和彩色数据，能在获得极高压缩率的同时展现丰富生动的图像，换句话说，就是可以用很小的磁盘空间得到较好的图像质量。

JPEG2000格式有一个极其重要的特征，它能实现渐进传输，即先传输图像的轮廓，然后逐步传输数据，不断提高图像质量，让图像由朦胧到清晰显示。此外，JPEG2000还支持所谓的“感兴趣区域”特性，可以任意指定影像上感兴趣区域的压缩质量，还可以选择指定的部分先解压缩。

JPEG2000和JPEG相比优势明显，且向下兼容，因此可取代传统的JPEG格式。JPEG2000既可应用于传统的JPEG市场，如扫描仪、数码相机等，又可应用于新兴领域，如网络传输、无线通信等。

5. GIF

GIF（Graphics Interchange Format）是“图像互换格式”，是CompuServe公司在1987年开发的图像文件格式。GIF格式是一种基于LZW算法的连续色调的无损压缩格式，其压缩率一般在50%左右，不属于任何应用程序。目前几乎所有相关软件都支持它，公共领域有大量的软件在使用GIF图像文件。GIF图像文件的数据是经过压缩的，而且是采用了可变长度等压缩算法。GIF格式的另一个特点是在一个GIF文件中可以存储多幅彩色图像，如果把存储于一个文件中的多幅图像数据逐幅读出并显示在屏幕上，就可构成最简单的动画。

6. PNG

PNG（Portable Network Graphics，可移植网络图形）是一种图像文件存储格式，其试图替代GIF和TIFF文件格式，同时增加一些GIF文件格式所不具备的特性，是一种位图文件（Bitmap file）存储格式。PNG用来存储灰度图像时，灰度图像的深度可多达16位，存储彩色图像时，彩色图像的深度可多达48位，并且还可存储多达16位的Alpha通道数据。

7. EPS

EPS是Encapsulated PostScript的缩写，是跨平台的标准格式、专用的打印机描述语言，可以描述矢量信息和位图信息。作为跨平台的标准格式，它类似于CorelDRAW的CDR、Illustrator的AI等。扩展名在PC平台上是.eps，在Macintosh平台上是.epsf，主要用于矢量图像和光栅图像的存储。

由于该标准制定得早，几乎所有的平面设计软件都能够兼容，所以用Photoshop、Illustrator、CorelDRAW、Freehand等都可以打开EPS格式文件。EPS格式采用PostScript语言进行描述，并且可以保存其他一些类型信息，例如多色调曲线、Alpha通道、分色、剪辑路径、挂网信息和色调曲线等，因此EPS格式常用于印刷或打印输出。

经验指导

JPEG格式是目前网络上较流行的图像格式之一，它可以把文件压缩到最小的格式，在Photoshop软件中以JPEG格式存储时，提供11个压缩级别，以0~10级表示。其中0级的压缩比最高，图像品质最差。即使采用细节几乎无损的10级质量保存，压缩比也可达5：1。以BMP格式保存时得到4.28 MB图像文件，在采用JPEG格式保存时，其文件仅为178 KB，压缩比达到24：1。经过多次比较，采用8级压缩可以取得存储空间与图像质量兼得的最佳比例。JPEG2000作为JPEG的升级版，其压缩比较JPEG高30%左右，同时支持有损和无损压缩。

任务4

文件页面查看

任务目标:

1. 掌握查看图像细节的方法
2. 掌握如何使用不同屏幕模式

任务说明:

在Photoshop中编辑图像文件的过程当中，有时候需要观看画面的整体，有时候需要放大显示画面的某个局部，我们就要用到“缩放工具”或“抓手工具”等。除此之外，“导航器”面板也可以帮助我们定位到画面的某个局部。

完成过程:

（1）单击工具箱中的“缩放工具”按钮，将光标移动到画面中。单击鼠标左键即可放大图像显示比例，如需放大多倍可以多次单击，也可以直接按下键盘上的快捷键“Ctrl++（加号键）”放大图像显示比例，如图1-31所示。

（2）当画面显示比例比较大的时候，有些局部可能无法显示，这时可以使用工具箱中的“抓手工具”，在画面中按住鼠标左键并拖动，如图1-32所示。

（3）打开一张图像，执行“窗口→导航器”菜单命令，打开“导航器”面板。在“导航器”面板中我们能够看到整幅图像，红框内则是在图像编辑窗口中显示的内容，如图1-33所示。

（4）单击“抓手工具”按钮右下角的黑色小三角形，可以看到弹出的快捷菜单中有一个“旋转视图工具”菜单命令，单击该命令，接着在画面中按住鼠标左键并拖动。可以看到整个图像界面发生旋转，也可以在选项栏中设置特定的旋转角度。“旋转视图工具”旋转的是画面的显示角度，而不是令图像本身发生旋转，如图1-34所示。

图1-31　缩放工具

图1-32　抓手工具

图1-33 “导航器”面板

图1-34 旋转视图工具

（5）单击工具箱最底部“屏幕模式”按钮 右下角的黑色小三角形，在弹出的快捷菜单中可以选择屏幕模式（标准屏幕模式、带有菜单栏的全屏模式和全屏模式），如图1-35所示。标准屏幕模式是默认的显示模式，可以显示菜单栏、标题栏、滚动条和其他。带有菜单栏的全屏模式是显示菜单栏、无标题栏和滚动条的50%灰色背景的全屏模式。全屏模式又称为“专家模式”，菜单栏、工具箱都被隐藏，只显示图层窗口。

也可通过“视图→屏幕模式”菜单命令设定屏幕的显示方式，或者使用“F”键实现对屏幕显示方式的切换。如图1-36、图1-37、图1-38所示。

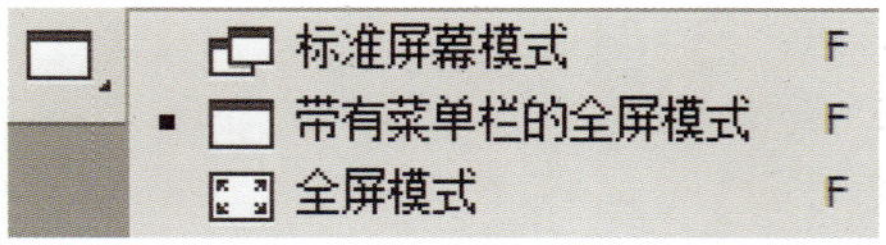

图1-35 屏幕模式

图1-36 标准屏幕模式

图1-37 带有菜单栏的全屏模式

图1-38　全屏模式

经验指导

“缩放工具”既可以放大也可以缩小图像显示比例，在“缩放工具”的选项栏中可以切换该工具的模式。单击“缩小”按钮可以切换到缩小模式，在画布中单击鼠标左键也可以缩小图像，还可以直接按快捷键“Ctrl+-（减号键）”缩小图像显示比例。

在使用其他工具时，按住“Space”键（空格键）可以快速切换到“抓手工具”，此时在画面中按住鼠标左键拖动即可平移画面，松开“Space”键便自动切换回之前使用的工具。

任务5

辅助工具的使用

任务目标：

1. 掌握优化作图环境的技巧
2. 掌握辅助工具的使用方法

任务说明：

在Photoshop中，我们在作图之前应该养成良好的习惯。使用辅助工具，既可以优化作图环境又可以节省作图时间。这里主要介绍标尺、参考线、网格的设置，至于计数工具、吸管工具等，感兴趣的同学可自行学习。

完成过程：

（1）标尺的主要作用是度量当前图像的尺寸，操作时执行“视图→标尺”菜单命令，或者使用快捷键“Ctrl+R”，即可在当前图像中显示标尺，效果如图1-39所示。如果要将文件中的标尺隐藏，可再次执行“视图→标尺”菜单命令，或者使用快捷键“Ctrl+R”。

（2）修改标尺的原点，用以度量文件的尺寸，可以使用鼠标左键在标尺的原点进行拖曳，拖至需要度量的位置即可。若想复原原点，在标尺的左上角双击即可。

（3）设置标尺的单位，可以在标尺上右击，弹出快捷菜单，如图1-40所示；或者执行“编辑→首选项→单位与标尺”菜单命令，如图1-41所示，打开的“首选项”对话框如图1-42所示。

图1-39 “标尺”命令效果

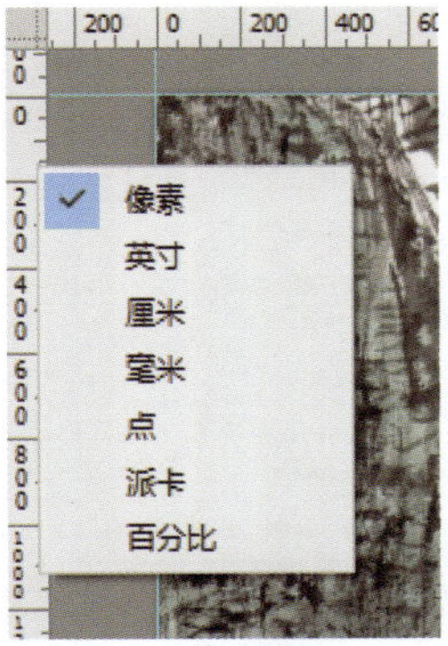

图1-40 选择标尺的单位

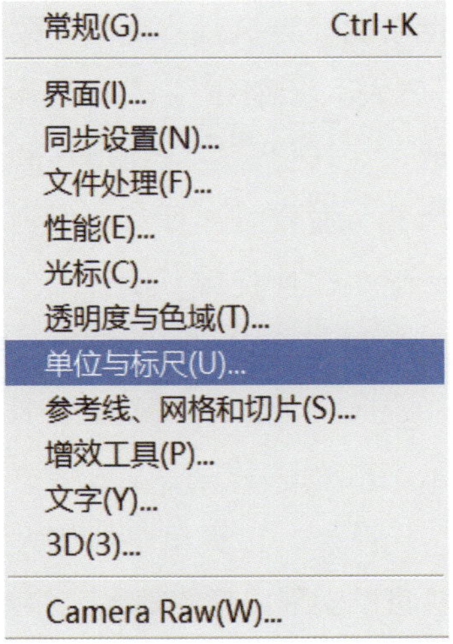

图1-41 “单位与标尺”命令

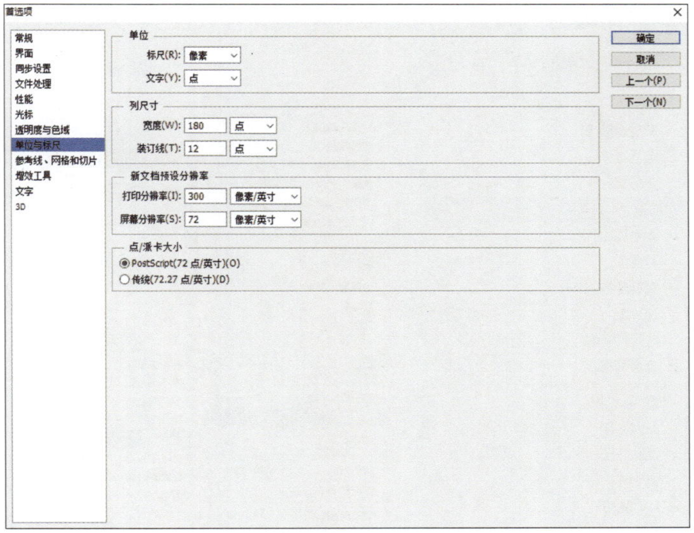

图1-42 “首选项”对话框

在作图中，标尺的单位有像素、英寸、厘米、毫米、点、派卡、百分比，初学者可以使用厘米或像素。

（4）在Photoshop中常用的辅助线有网格、参考线。

网格是由显示在文件中的一系列相互交叉的直线所构成的。执行“视图→显示→网格”菜单命令，如图1-43所示，或者使用快捷键“Ctrl+’”，即可在当前打开的文件页面中显示网格。如果想将文件中的网格隐去，可再次执行“视图→显示→网格”菜单命令，或者使用快捷键“Ctrl+’”或“Ctrl+H”。

执行“视图→显示→参考线”菜单命令后，在弹出的对话框中设置各个选项参数，可以精确地在当前文件中新建参考线，如图1-44所示，或者使用快捷键“Ctrl+;”；要隐藏参考线，再次使用快捷键“Ctrl+;”或“Ctrl+H”。另外，当前文件显示标尺时，将鼠标移动到标尺的任意位置，单击鼠标左键并向画面中拖动，可以为画面添加参考线。如图1-45所示。

清除参考线可以按下“Ctrl”键，将其拖回标尺。

移动参考线可以使用工具箱中的“移动工具”，也可以按下“Ctrl”键进行拖动。

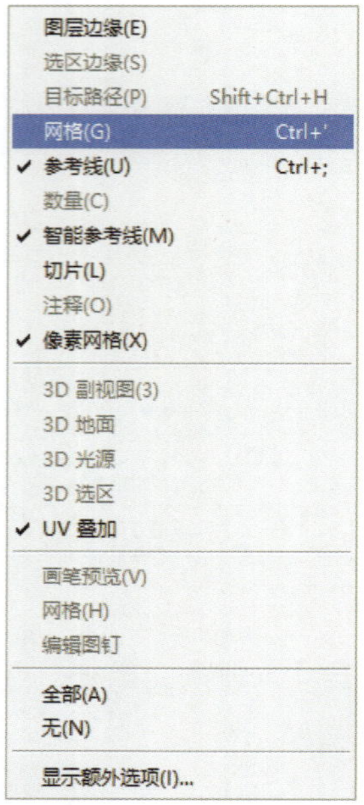

图1-43 “网格”命令

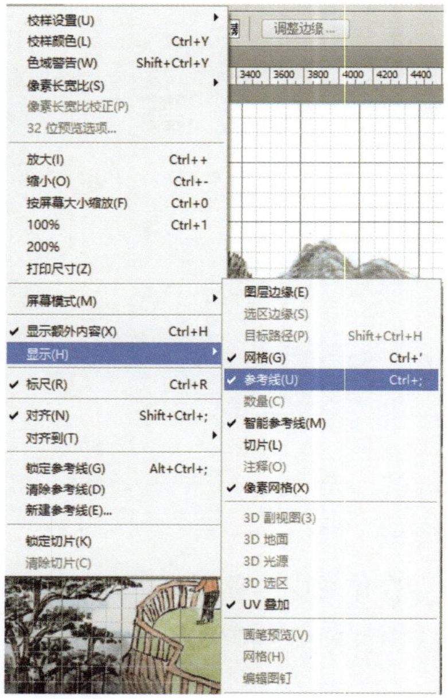

图1-44 “参考线”命令

图1-45 显示参考线效果

设置参考线的属性：按下“Ctrl”键，在参考线上双击，打开“首选项”对话框，在“参考线、网格和切片”选项卡中进行设定，如图1-46所示。

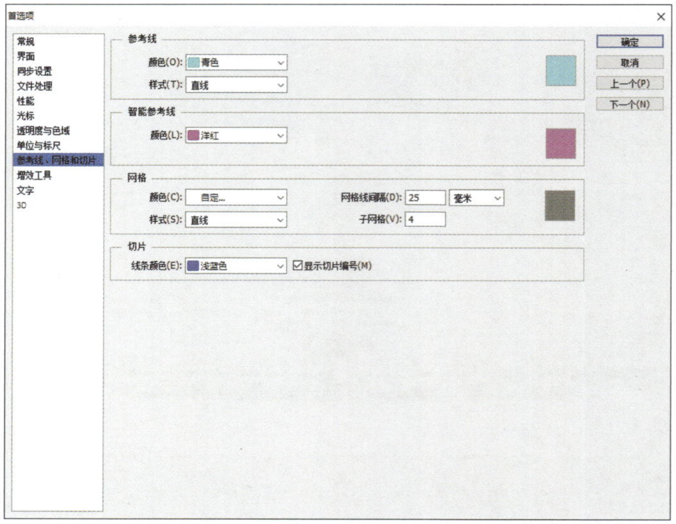

图1-46 设置各个选项参数

（5）在Photoshop中使用放大镜功能：当执行“视图”菜单中的“放大”、“缩小”、“按屏幕大小缩放”、“100%”、“200%”和“打印尺寸”命令时，可对图像进行放大或缩小。快捷键“Ctrl+0”可以实现按屏幕大小进行缩放，快捷键“Ctrl+1”可以实现图像100%显示。如图1-47所示。

另外，工具箱里的放大镜工具也可以实现同样的效果，如图1-48所示。直接按下“Z”键选择放大镜工具，在图像上右击，在弹出的快捷菜单中可以进行放大、缩小的选

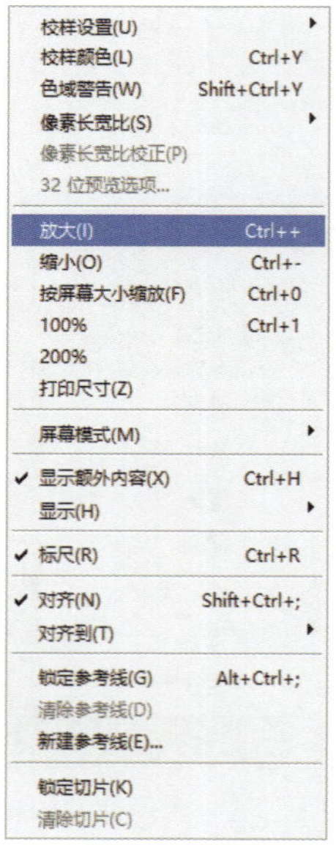

图1-47 放大镜功能的多个命令

图1-48　放大镜工具

项设定。如图1-49所示。

提示：通过快捷键“Ctrl+Space+鼠标左键”，可以实现在任何工具下对图像的放大；使用快捷键“Alt+Space+鼠标左键”，可以实现在任何工具下对图像的缩小。

图1-49　放大、缩小的选项设定

经验指导

在创建、移动参考线时，按住“Shift”键可以使参考线与标尺刻度对齐；在使用其他工具时按住“Ctrl”键，可以将参考线放置在画布的任意位置，并且可以让参考线不与标尺刻度对齐。

拓展训练

打开“扇面”图像，如图1-50所示。分别在垂直和水平的中心位置添加参考线，然后调整工作界面，并在“导航器”面板中查看图像。界面设置要求：拆分“图层”面板，将拆分后的面板与“导航器”、“颜色”和“历史记录”3个面板分别组合，对设置后的工作界面进行存储。

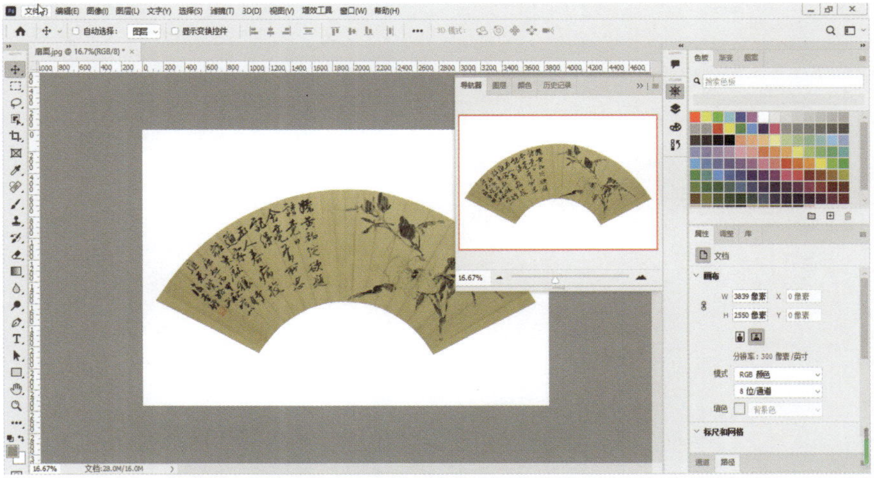

图1-50　拓展训练

模块二

操作入门——Photoshop CC的基本操作

知识目标

熟练掌握“图层”面板来执行多个命令，并能够合理编排图层和图层组，理解“图层”面板的按钮作用。

能力目标

熟练掌握“图层”面板的排序、混合模式、图层蒙版、调整图层等，并能够合理应用，为图层添加图层样式。

素质目标

初步建立合理创建图层、图层组的意识，能够运用软件进行照片体积优化、图像拼接等基本操作。

重点难点

重点：图层的混合模式。
难点：图像调整图层。

参考学时

任务1 优化照片体积——网络证件照调整	1课时
任务2 图层的基本应用——网络表情制作	1课时
任务3 文档的规范操作——图层的管理	1课时
任务4 图层的混合模式——三原色原理	2课时
任务5 图像调整图层——老照片效果	1课时
任务6 图像的自动拼接——创建全景图像	1课时

任务1

优化照片体积——网络证件照调整

网络证件照调整

任务目标：

1. 掌握“图像大小”对话框的操作
2. 掌握如何存储为Web所用格式

任务说明：

在网络非常发达的今天，很多考试报名系统都通过网络上传照片，上传一寸或二寸证件照时，照片体积往往被限制在几百KB甚至几十KB，而正常拍摄的证件照一般超过1 MB。通过使用Photoshop中的图像调整命令，更改图像大小和分辨率，最后存储为Web所用的图像格式，优化照片体积。

完成过程：

（1）在Photoshop CC中打开证件照素材，打开之前我们可以看到素材的一些基本信息，图像的尺寸和大小都比较大，如图2-1所示。

图2-1　证件照素材基本信息

（2）选择“图像”菜单下的“图像大小”，打开“图像大小”对话框，按照一寸、二寸或者要求的尺寸进行更改，如果报名系统没有明确要求分辨率大小，可将分辨率改为72像素/英寸，二寸照片尺寸为413像素×579像素，如图2-2所示。

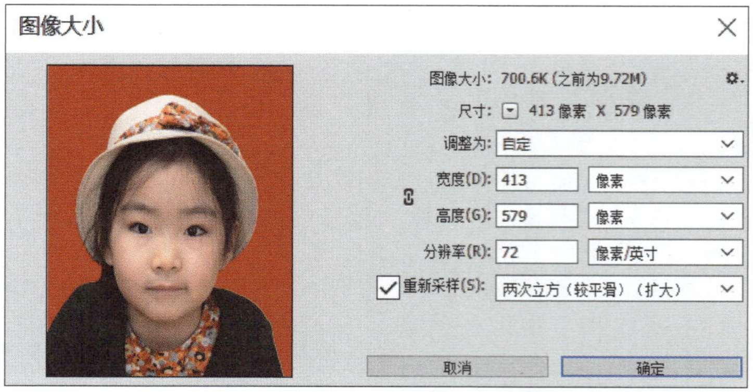

图2-2　“图像大小”对话框参数设置

（3）现在证件照因尺寸的减小和分辨率的降低，体积已经变小，但是仍不符合系统要求，将文件存储为Web所用格式，继续优化（选择“优化”、“双联”或“四联”选项卡），根据系统要求填写选项，单击“存储”按钮，如图2-3所示。

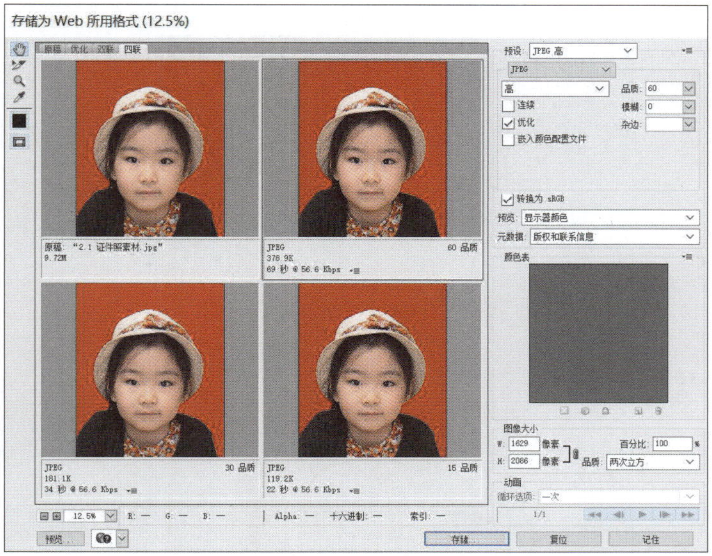

图2-3 “存储为Web所用格式”对话框参数设置

（4）证件照优化前体积为1.36 MB，优化后体积为50.4 KB，如图2-4所示。

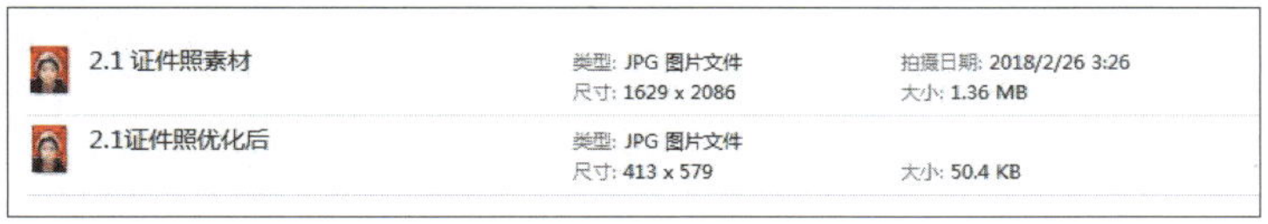

图2-4 优化前和优化后对比

Ps

经验指导

“存储为Web所用格式”对话框的部分参数说明如下：

1. 品质，是指图像压缩程度。“品质”数值设置得越高，压缩算法保留的细节越多。但是，设置成高品质比设置成低品质生成的文件大。查看几种品质设置下的优化图像，确定品质和文件大小之间的最佳平衡点。

2. 优化，是指创建文件大小稍小的增强型JPEG。要最大限度地压缩文件，建议使用“优化”的JPEG格式；但是，某些旧版本浏览器不支持此功能。

3. 模糊，是指指定应用于图像的模糊量。此选项应用后有与高斯模糊滤镜相同的效果，并允许进一步压缩文件以获得更小的文件。建议使用0.1到0.5之间的数值设置。

4. 嵌入颜色配置文件（Photoshop）或嵌入ICC配置文件（Illustrator），是指在优化文件中保存颜色配置文件。某些浏览器使用颜色配置文件进行颜色校正。

5. 杂边，是指为原始图像中透明的像素指定一个填充颜色。单击“杂边”色板以在拾色器中选择一种颜色，或者从“杂边”下拉菜单中选择一个选项，如“吸管颜色”（使用“吸管”样本框中的颜色）、“前景色”、“背景色”、“白色”、“黑色”或“其他”（使用拾色器）。

任务2

图层的基本应用——网络表情制作

网络表情制作

任务目标：

1. 掌握图像置入文档的方法
2. 掌握图层调整顺序的方法

任务说明：

图像置入文档是Photoshop操作中最基本的步骤，图层的直接层叠关系是上层压着下层，上层的透明区域会显示出下层的图像内容，创建文档时很多效果是通过图层之间的叠加实现的。

完成过程：

（1）新建一个800像素×800像素、分辨率为72像素/英寸的文档，命名为“网络表情制作”，如图2-5所示。

（2）文档创建完成后，将素材文件头部、眼睛、眉毛、嘴部、牙齿、舌头置入新建文档，显示在“图层”面板上，如图2-6所示。

小提示：在默认状态下置入的图像为智能对象，在“编辑”菜单下单击“首选项”命令（快捷键“Ctrl+K”），在弹出的“首选项”对话框中取消相应勾选，单击“确定”按钮，如图2-7所示。

（3）单击选中图层，更改图层排列顺序（快捷键：前移图层“Ctrl+]”，后移图层“Ctrl+ [”，置于底层“Alt+Ctrl+ [”），Photoshop图层就如同叠加在一起的玻璃纸，如图2-8所示。

（4）选中所有图层素材，选择“图层→对齐”菜单命令，对齐方式选择“水平居中”，如图2-9所示。

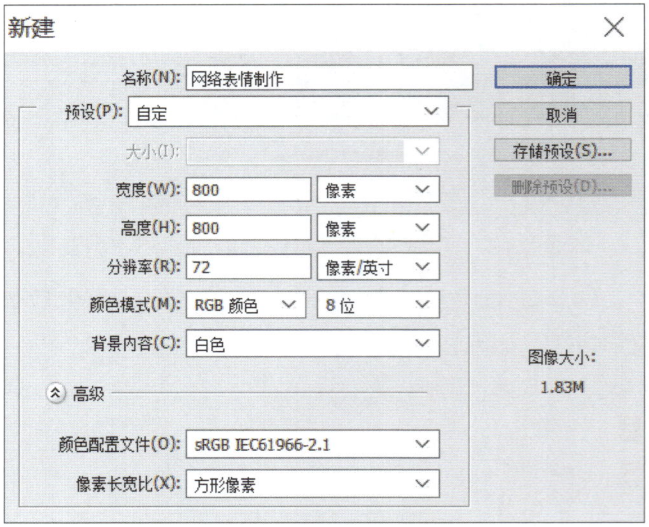

图2-5　新建文档设置

图2-6　置入素材后效果

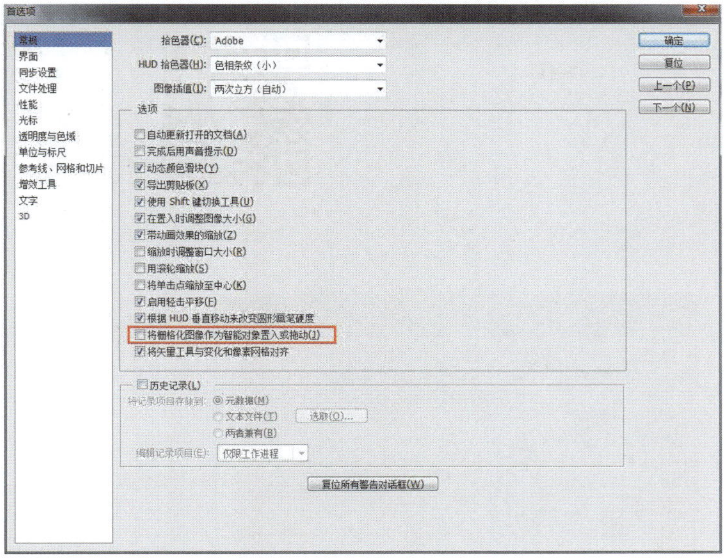

图2-7　“首选项”对话框设置更改

图2-8　更改图层排列顺序后效果

图2-9　水平居中对齐图层

（5）制作完成，效果如图2-10所示。

图2-10　网络表情制作最终效果

经验指导

1. 在Photoshop中可以通过上面图层的透明区域看到下面图层的内容，也可以移动图层来定位图层上的内容，还可以更改图层的不透明度以使内容部分透明。

2. 对齐方式的选择：

顶边，将选定图层上的顶端像素与所有选定图层上最顶端的像素对齐，或与选区边框的顶边对齐。

垂直居中，将选定图层上的垂直中心像素与所有选定图层的垂直中心像素对齐，或与选区边框的垂直中心对齐。

底边，将选定图层上的底端像素与所有选定图层上最底端的像素对齐，或与选区边框的底边对齐。

左边，将选定图层上的左端像素与所有选定图层上最左端的像素对齐，或与选区边框的左边对齐。

水平居中，将选定图层上的水平中心像素与所有选定图层的水平中心像素对齐，或与选区边框的水平中心对齐。

右边，将选定图层上的右端像素与所有选定图层上最右端的像素对齐，或与选区边框的右边对齐。

任务3

文档的规范操作——图层的管理

图层的管理

任务目标：

1. 掌握新建图层和图层组、删除图层的方法
2. 掌握查找和锁定图层的方法

任务说明：

图层组：标记颜色可以帮助组织和管理图层，可以使用组来按逻辑顺序排列图层，并避免“图层”面板中的杂乱情况。可以将图层组嵌套在其他组内，还可以使用图层组将属性和蒙版同时应用到多个图层。

内容解析：

创建一个新的文档会附带一个图层，默认图层名称为“背景”。如果处理复杂的图像，可以使用“图层”面板底部按钮创建新图层组来组织和管理图层。选中单个图层然后单击鼠标右键，在弹出的快捷菜单中可以标记图层颜色，如图2-11所示。

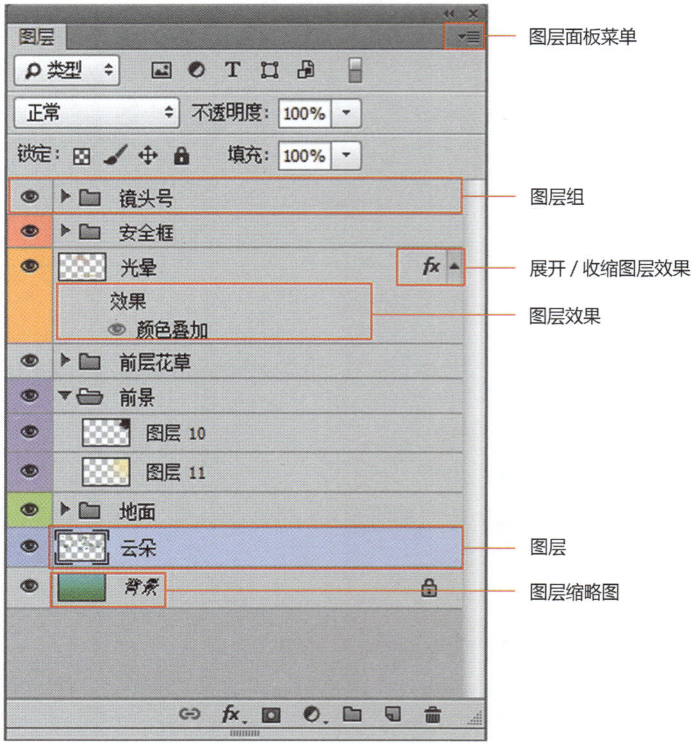

图2-11 “图层”面板概貌

“图层”面板底部按钮可以创建新图层组、新图层，可以通过删除图层来管理图层，还可以执行复杂的任务命令，例如添加图层样式、添加图层蒙版等，如图2-12所示。

“图层”面板底部按钮从左到右依次为：

链接图层、添加图层样式、添加图层蒙版、创建新的填充或调整图层、创建新图层组、创建新图层、删除图层

图2-12 “图层”面板底部按钮用途

在图层缩略图（或称“缩览图”）处单击鼠标右键，在弹出的快捷菜单中可以调整缩略图的大小，以及给图层文件标记颜色，以方便查看和管理，如图2-13所示。

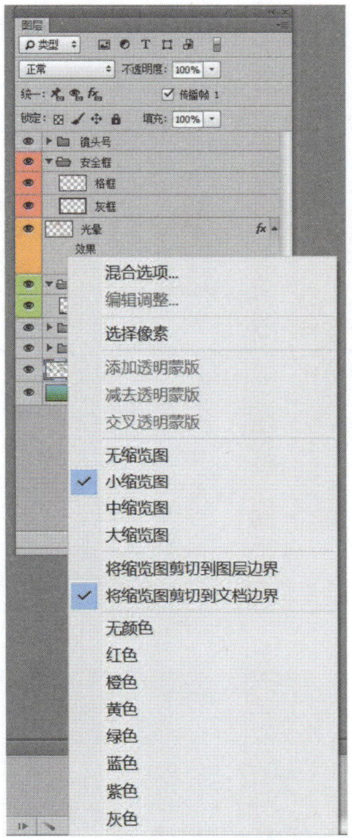

图2-13　缩略图快捷菜单

在“图层”面板的顶部，使用过滤选项可快速地在复杂文档中找到关键层。可以基于名称、类型、效果、模式、属性或颜色标签显示图层的子集，也可以通过图标按钮（图2-14）对像素图层、调整图层、文字图层、形状图层、智能对象图层进行过滤，最右侧按钮为图层过滤开关。

锁定图层按钮可以完全或部分锁定图层以保护其内容，图层被锁定后，图层名称的右边会出现一个锁图标。当图层被完全锁定时，锁图标是实心的；当图层被部分锁定时，锁图标是空心的。

锁定透明像素，将编辑范围限制为只针对图层的不透明部分；锁定图像像素，防止使用绘画工具修改图层的像素；锁定位置，防止图层的像素被移动。

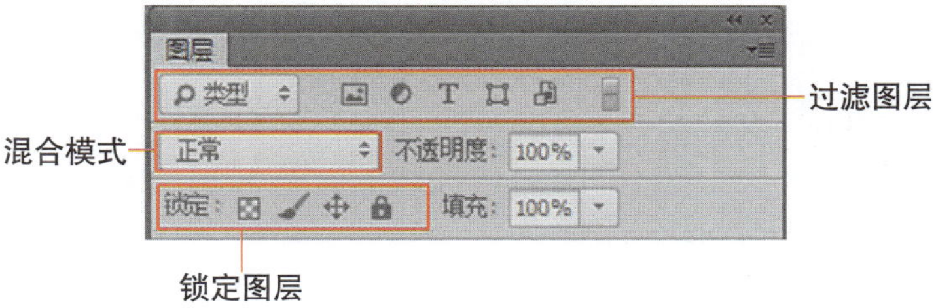

图2-14　“图层”面板顶部按钮用途

经验指导

对于文字和形状图层，“锁定透明像素”和“锁定图像像素”选项在默认情况下处于选中状态，而且不能取消选中。“不透明度”和“填充”的区别在于作用范围不同，“不透明度”可影响图层样式的效果，“填充”不影响图层样式的效果。

任务4

图层的混合模式——三原色原理

三原色原理

任务目标：

1. 掌握选区填充颜色、取消选区的方法
2. 掌握图层混合模式更改的方法

任务说明：

三原色是指色彩中不能再分解的三种基本颜色，包括颜料（减法）三原色与光学（加法）三原色。颜料三原色（CMY）：青（天蓝）、洋红、黄；光学三原色（RGB）：红、绿、蓝（靛蓝）。印刷四分色模式（CMYK）基于CMY原理，是彩色印刷时采用的一种套色模式。RGB与CMYK都属于Photoshop的颜色模式。通过此任务了解混合模式的不同，以及两种混合原理。

完成过程：

1. RGB混合原理

（1）新建一个文档，1 000像素×1 000像素，分辨率为300像素/英寸，颜色模式为“RGB颜色”，名称修改为“RGB混合原理”，如图2-15所示。

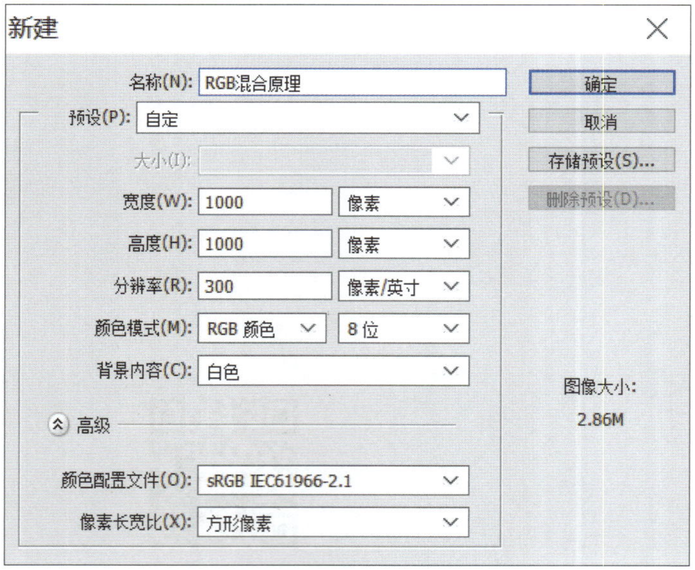

图2-15 “新建”对话框设置1

（2）创建新的图层，选择椭圆选框工具并同时按下“Shift”键绘制正圆，选择油漆桶工具后双击拾色器的前景色色块，在弹出的“拾色器（前景色）”对话框中将颜色设置为红色RGB（255，0，0），单击“确定”按钮，如图2-16所示。

（3）再新建两个图层，分别填充绿色RGB（0，255，0）、蓝色RGB（0，0，255），用移动工具调整三个颜色的位置，如图2-17所示。

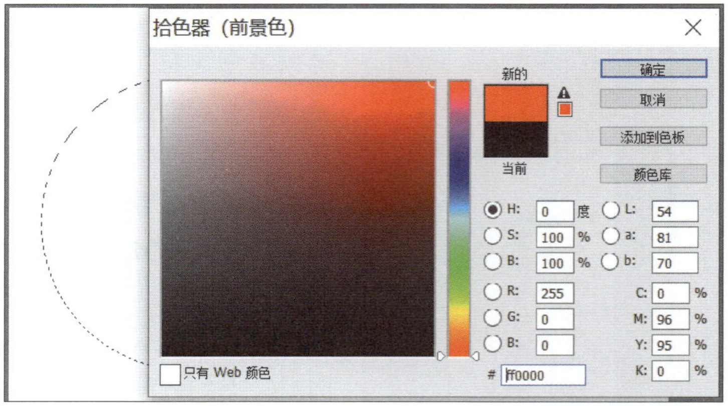

图2-16 “拾色器（前景色）”对话框设置

图2-17 创建RGB三个图层

（4）将背景图层填充为黑色或者关闭（删除），将图层1、图层2、图层3的混合模式改为“滤色”，如图2-18所示。

混合模式的“滤色”模式，其原理是将混合色的互补色与基色进行正片叠底，结果色总是较亮的颜色。用黑色过滤时颜色保持不变，用白色过滤时产生白色，效果类似于多个幻灯片在彼此之上投影。用“滤色”模式模仿RGB三原色混合，最终效果如图2-19所示。

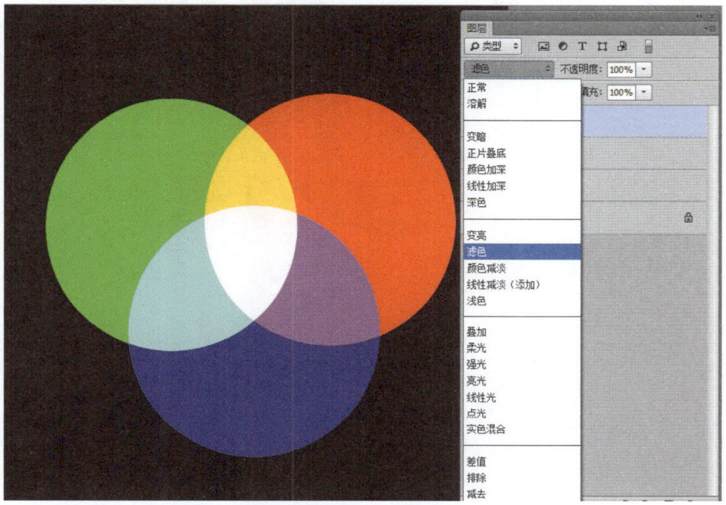

图2-18　更改混合模式后的效果

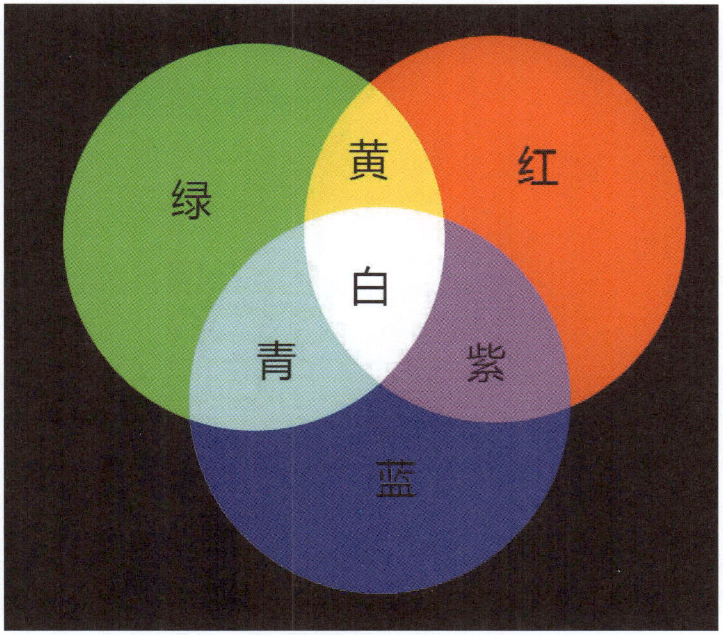

图2-19　RGB三原色混合效果

2. CMYK混合原理

（1）新建一个文档，1 000像素×1 000像素，分辨率为300像素/英寸，颜色模式为“CMYK颜色”，名称修改为“CMYK混合原理”，如图2-20所示。

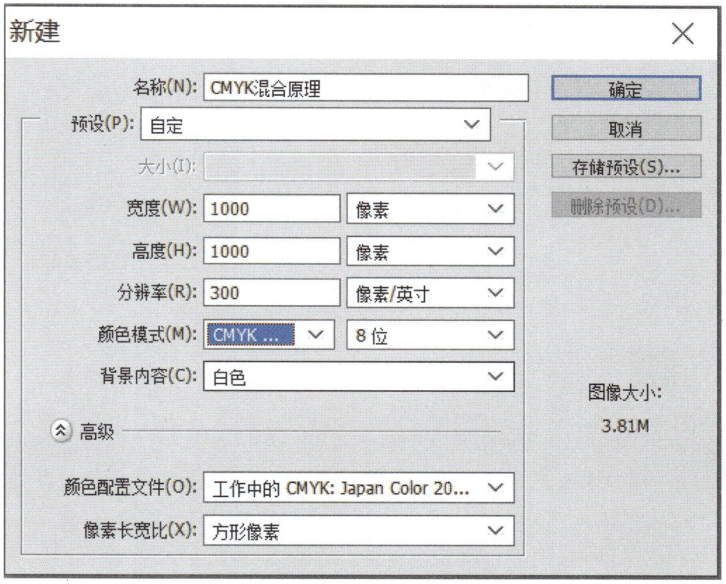

图2-20　“新建”对话框设置2

（2）创建三个新的图层，选择椭圆选框工具，同时按下“Shift”键绘制正圆，分别填充天蓝CMYK（100，0，0，0）、洋红CMYK（0，100，0，0）、黄色CMYK（0，0，100，0），调整图层位置后如图2-21所示。

（3）将图层1、图层2、图层3的混合模式改为“正片叠底”。正片叠底是将基色与混合色进行复合，结果色总是较暗的颜色。任何颜色与黑色正片叠底都产生黑色，任何颜色与白色正片叠底都保持不变。最终效果如图2-22所示。

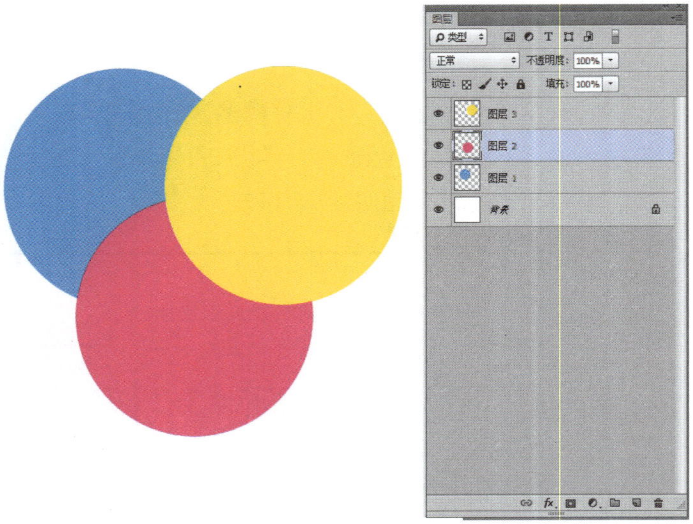

图2-21　创建CMYK三个图层

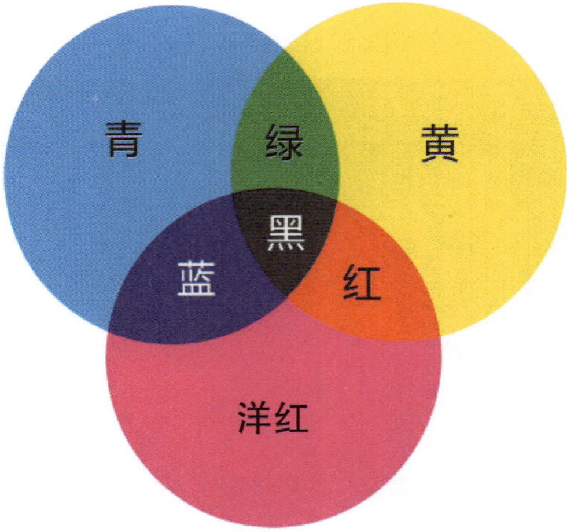

图2-22　CMYK三原色混合效果

经验指导

填充背景色的快捷键为“Ctrl+Delete”，填充前景色的快捷键为“Alt+Delete”。取消选区时选择“选择”菜单下的“取消选择”命令，快捷键为“Ctrl+D”，隐藏选区的快捷键为“Ctrl+H”。

任务5

图像调整图层——老照片效果

老照片效果

任务目标：

1. 掌握添加图像调整图层的方法
2. 掌握图像调整图层的使用方法

任务说明：

通过添加图像调整图层（如调整色阶、调整曲线）、更改图像混合模式等将图像调整为老照片效果，通过此任务了解图像调整图层及其使用方法。

完成过程：

（1）在Photoshop中打开照片素材，在“图层”面板新建图像调整图层，单击◐按钮，选择“色阶”，如图2-23所示。

（2）将“色阶”属性面板的参数调整为黑37、灰1.00、白230，输出色阶为17、255，使得图片暗部加重，亮部减弱，如图2-24所示。

（3）将纸张素材导入文档，调整至最上面图层，移动素材正好贴合照片，图层混合模式更改为“划分”，如图2-25所示。

（4）添加图像调整图层，选择“曲线”，在“曲线”属性面板中选择蓝色通道，如图2-26所示，为图片添加蓝色和黄色。

（5）再次添加图像调整图层，选择“颜色查找”，在“3DLUT文件”中选择FoggyNight.3DL夜雾模式，如图2-27所示。

（6）制作完成后的老照片与原始素材的效果对比如图2-28所示。

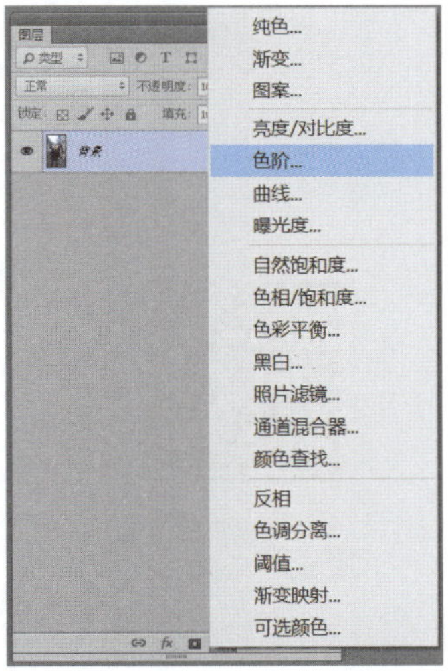

图2-23 “图层”面板添加色阶调整图层

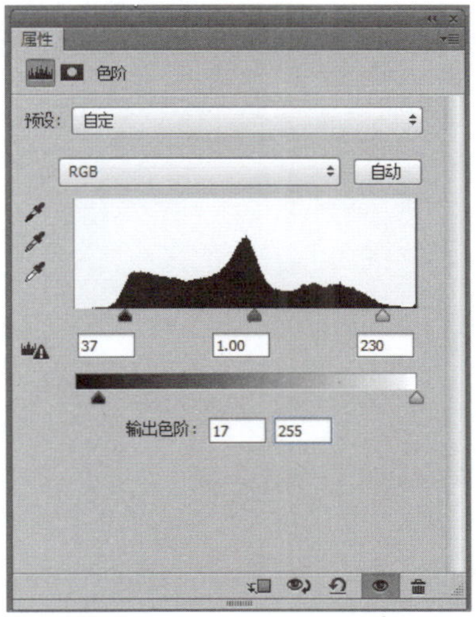

图2-24 “色阶”属性面板设置

图2-25 导入纸张素材后的设置

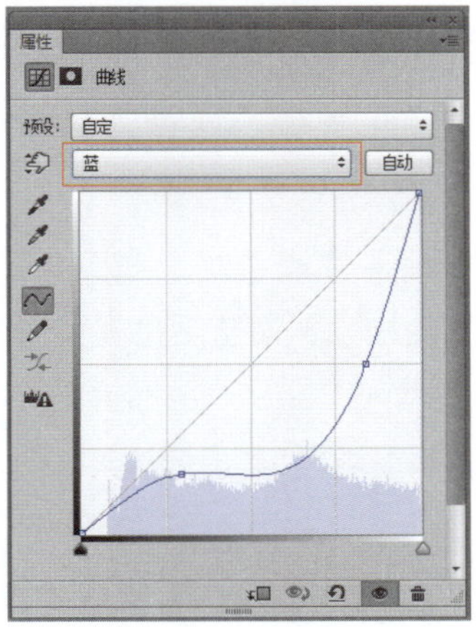

图2-26 “曲线”属性面板设置

图2-27 “颜色查找”属性面板设置

图2-28 效果对比

经验指导

调整图层可将颜色和色调调整应用于图像，而不会永久更改像素值。颜色和色调调整存储在调整图层中并应用于该图层下面的所有图层；可以通过一次调整来校正多个图层，而不用单独地对每个图层都进行调整。可以用纯色、渐变或图案填充图层，与调整图层不同，填充图层不影响下面的图层。

调整图层的优点：

（1）编辑不会破坏原始素材。可以尝试不同的设置并随时重新编辑调整图层，也可以通过降低该图层的不透明度来减弱调整的效果。

（2）编辑具有选择性。在调整图层的图像蒙版上绘画可将调整应用于图像的某一部分，并通过重新编辑图层蒙版，控制调整图像的哪些部分。

（3）能够将调整应用于多个图像。在图像之间拷贝和粘贴调整图层，以便应用相同的颜色和色调调整。

任务6

图像的自动拼接——创建全景图像

创建全景图像

任务目标：

1. 掌握Photomerge（图像拼接）的使用方法
2. 掌握裁剪工具的使用方法

任务说明：

通过软件自动创建全景图，通过Photomerge（图像拼接）命令导入素材，软件自动拼接后运用裁剪工具进行裁切得到最终效果。

完成过程：

（1）打开Photoshop软件，选择“文件→自动→Photomerge（图像拼接）”菜单命令，如图2-29所示。

（2）在Photomerge对话框中，“版面”选择“自动”，“源文件”使用“文件”，单击“浏览”按钮选中素材文件，如图2-30所示。

（3）单击“确定”按钮后软件开始进行自动拼接，利用数据计算将多幅照片组合成一个连续的图像，如图2-31所示。

（4）自动拼接后图像会出现不完整边缘，在工具栏选择裁剪工具，使用鼠标拖动四周的锚点，调整后位置如图2-32所示。

（5）确定好裁剪位置后按回车键，裁切后的效果如图2-33所示。

（6）可以尝试“版面”下的其他样式，各种样式自动拼接后的效果如图2-34所示。

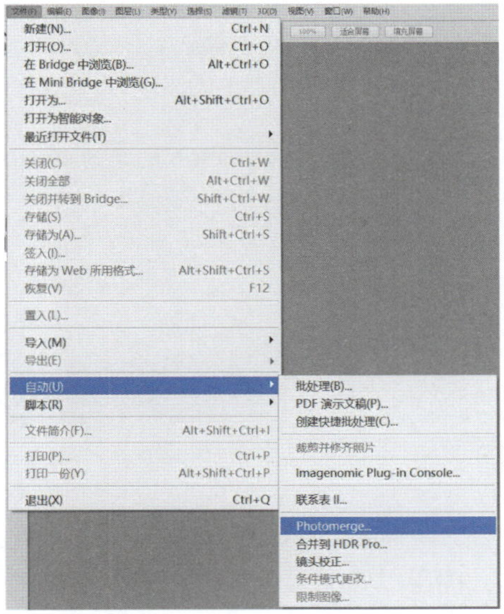

图2-29 “文件”菜单下的Photomerge

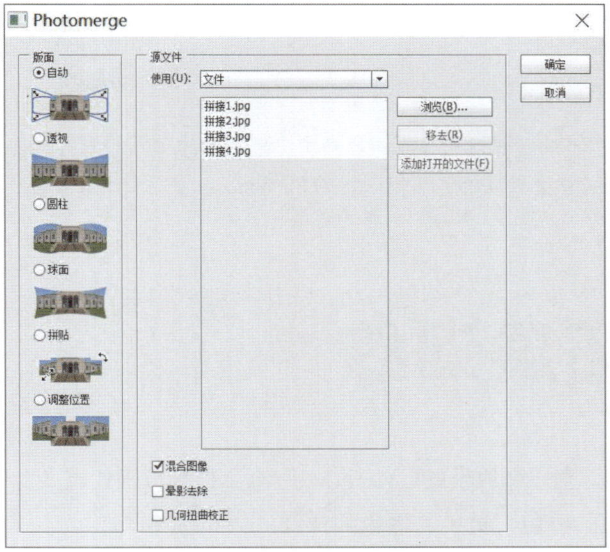

图2-30 Photomerge对话框参数设置

图2-31 图像拼接后的效果

图2-32 利用裁剪工具调整位置

图2-33 应用裁剪工具后的图像

图2-34 其他样式自动拼接后的效果

经验指导

Photomerge命令能够汇集水平平铺和垂直平铺的照片，拍摄的照片应当充分重叠，图像之间的重叠区域应约为40%。如果重叠区域较小或者重叠区域达70%以上，则Photomerge可能无法混合这些图像。

拓展训练

1. 对于颜色模式CMYK，字母CMYK分别代表（　　）。

A. 青色、黄色、黑色和洋红

B. 蓝色、洋红、黄色和白色

C. 青色、洋红、黄色和黑色

D. 白色、洋红、黄色和黑色

2. 下列哪个是Photoshop图像最基本的组成单元?（　　）

A. 节点　　B. 色彩空间

C. 像素　　D. 路径

3. 下面对矢量图和像素图的描述正确的是（　　）。

A. 矢量图的基本组成单元是像素

B. 像素图的基本组成单元是锚点和路径

C. Adobe Illustrator能够生成矢量图

D. Adobe Photoshop能够生成矢量图

4. Photoshop生成的文件默认文件扩展名为（　　）。

A. JPEG　　B. PDF

C. PSD　　D. TIF

5. 在“图层”面板中，按住“（　　）”键的同时单击垃圾桶图标，可将选中的通道直接删除。

A. Shift　　B. Ctrl

C. Alt　　D. Space

6. 下面哪个不可以载入选区?（　　）

A. 图层　　B. 通道

C. 蒙版　　D. 历史记录

7. 图像分辨率的单位是（　　）。

A. dpi　　B. ppi

C. ipi　　D. pixel

8. 在Photoshop中使用各种绘图工具的时候，如何暂时切换到吸管工具?（　　）

A. 按住“Alt”键　　B. 按住“Ctrl”键

C. 按住“Shift”键　　D. 按住“Tab”键

9. 在Photoshop中，批处理（Batch）命令在哪个菜单下?（　　）

A. File（文件）　　B. Edit（编辑）

C. Image（图像）　　D. Windows（视窗）

10. 在Photoshop中按住下列中的哪个键可保证椭圆选框工具绘出的是正圆?（　　）

A. Shift　　B. Alt　　C. Ctrl　　D. Tab

11. 在Photoshop中如果想在现有选区的基础上增加选区，应按住下列中的哪个键?（　　）

A. Shift　　B. Alt　　C. Ctrl　　D. Tab

模块三

强大选区——Photoshop CC技术基础

知识目标

熟练掌握规则选区工具和不规则选区工具的功能、不同用法，以及它们的存储、载入和调整。

能力目标

1. 掌握基本的选区工具：熟悉Photoshop中的基本选区工具，如矩形选框工具、椭圆选框工具、套索工具和魔棒工具等。了解它们的使用方法和不同的选区方式。

2. 精确选择：学习如何使用选区工具进行精确的选择。掌握调整选区的大小、形状和位置的技巧，以便准确地选择图像中的特定区域。

3. 添加、减少和交叉选区：学习如何添加、减少和交叉选区。掌握多边形套索工具和磁性套索工具等的使用，以便更好地控制和调整选区。

4. 快速选择和魔棒工具：熟悉快速选择工具和魔棒工具的使用。了解如何根据图像的颜色、亮度和对比度等特征，使用这两个工具快速选择图像中的区域。

素质目标

培养创意表现和艺术表达能力；培养自我学习的能力和习惯。

通过技术的提升培养并提高审美素养；培养协作精神和岗位责任意识。

重点难点

重点：选区的编辑技巧。

难点：掌握创建路径与通过路径载入选区的基本方法。

参考学时

任务1 设计起点——山水情怀画册	1课时
任务2 解析选区——绘制同心圆	1课时
任务3 素材创建——福字装饰画	1课时
任务4 组合构成——拜年书法	1课时
任务5 快速提取——国风天坛	1课时
任务6 路径编辑——中秋喜兔	1课时
任务7 图像综合——太极图形绘制	2课时

任务1

设计起点——山水情怀画册

山水情怀画册

任务目标：

1. 了解规则选区的基本创建方法
2. 掌握前景色与背景色在选区的填充技巧

任务说明：

在Photoshop中，最不可或缺的功能就是选区的应用，几乎所有有针对性的操作都要先从建立选区入手，用户可根据要选择的内容，使用最适合的选区命令，最好、最快捷地创建选区。选区功能的使用是非常普遍的，无论是照片修饰，还是在平面设计制图过程当中，经常会遇到需要对画面局部进行处理，在特定的范围之内绘制选区，然后进行操作的情况。在Photoshop中包含多种选区工具，如图3-1所示。

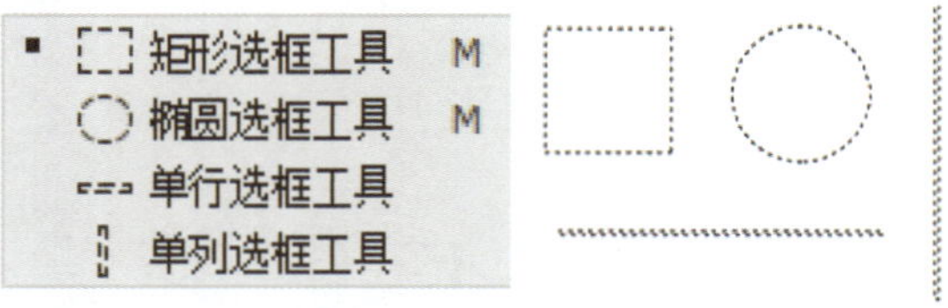

图3-1 选区工具

完成过程：

（1）我们一起来做一张画册内页的设计，首先在Photoshop软件当中使用“文件→新建”菜单命令，新建一张420毫米×297毫米、分辨率为300像素/英寸、颜色模式为CMYK颜色的文件，如图3-2所示。

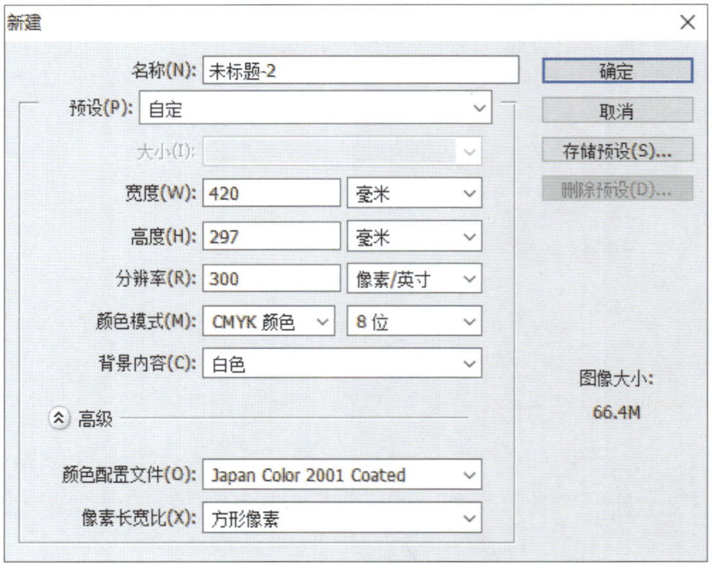

图3-2 新建文件1

（2）新建一个图层，选择“视图”菜单当中的“新建参考线”，可以设置新建参考线的位置，例如，垂直设置为10毫米、210毫米或410毫米；水平设定为10毫米或287毫米，如图3-3所示。

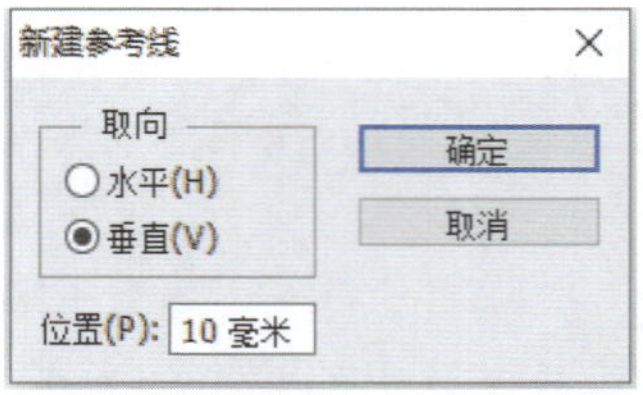

图3-3 新建参考线

（3）参考线可作为相册内页版心选区参考依据，如图3-4所示。

图3-4 版心参考线

（4）在新建图层的基础上绘制选区，建议羽化值设置为30像素，使填充后的画面更加柔和，如图3-5所示。

图3-5 绘制选区

（5）双击前景色位置选择适合画面色调的颜色。之后新建选区并使用快捷键“Alt+Delete”填充前景色，为选区增加颜色，如图3-6所示。

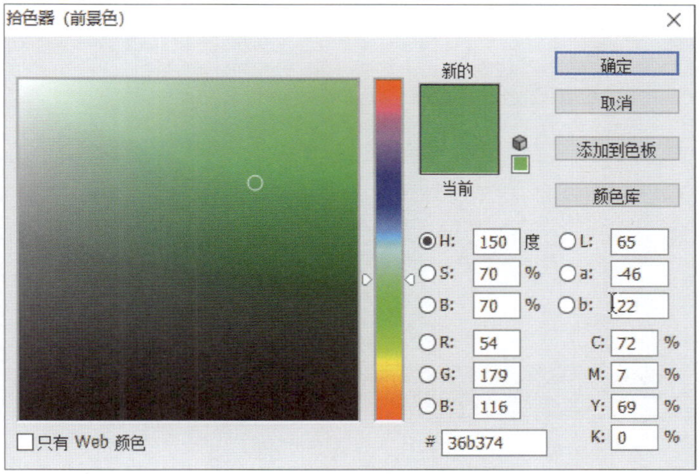

图3-6 为选区增加颜色

（6）预设一个带有色调的版式，作为内页画作填充预设，完成填充内容之后使用快捷键“Ctrl+D”取消选区，如图3-7所示。

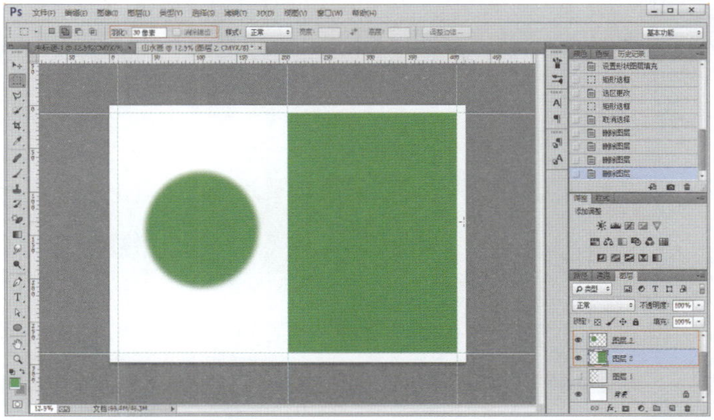

图3-7 预设版式

（7）把素材文件拖曳到已填充颜色的图层上方，之后选择素材图层使用快捷键“Alt+Ctrl+G”形成剪切蒙版把素材图层载入选区，如图3-8所示。

（8）加上点缀内容，丰富设计效果，如图3-9所示。

图3-8　载入素材图层

图3-9　完成设计1

任务2

解析选区——绘制同心圆

绘制同心圆

任务目标：

掌握选框工具的标准化制图技巧及运算法则

任务说明：

当我们需要设计一些标准化、规范化的图形结构时需要选择“规则选框工具”。其主要功能是在文件中创建各种类型的规则选择区域，创建后，操作只在选框内进行，选框外不受任何影响，如图3-10所示。

图3-10　规则选框工具

“正常”样式是指通过拖动鼠标创建选区，可自由确定高宽比。当然，我们也可以选择“固定比例”，选择该选项后宽度和高度参数栏被激活，可设置高宽比，绘制的选区将固定在设置的比例下。“固定大小”样式用于绘制指定大小的选区。在高度和宽度参数栏中可指定具体的参数值。如图3-11所示。

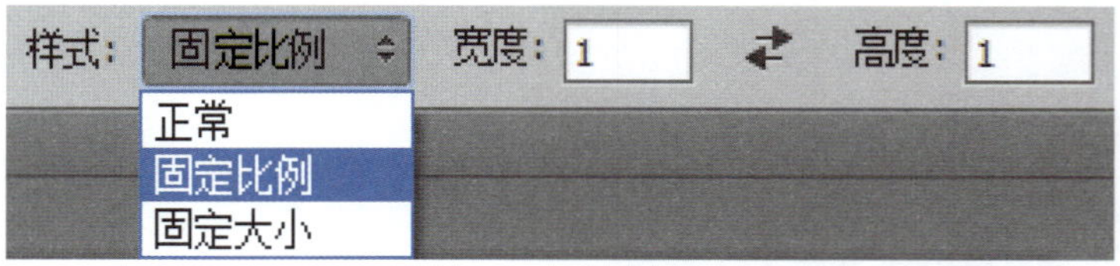

图3-11　样式选择

完成过程：

（1）新建一个文件，尺寸为500像素×500像素，分辨率为100像素/英寸，如图3-12所示。

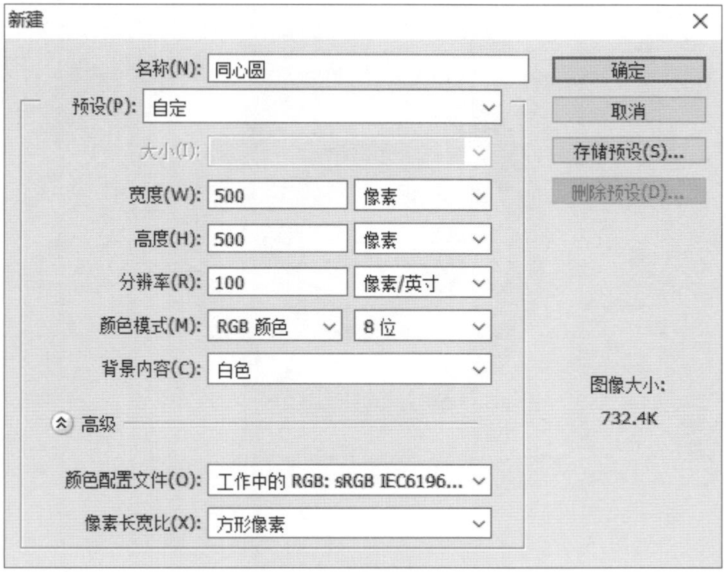

图3-12 新建文件2

（2）使用快捷键“Ctrl+R”调出标尺，使用快捷键“Ctrl+’”调出网格。并使用椭圆选框工具，同时按下快捷键“Shift+Alt”，绘制一个以图中黑点为圆心的正圆选区，如图3-13所示。

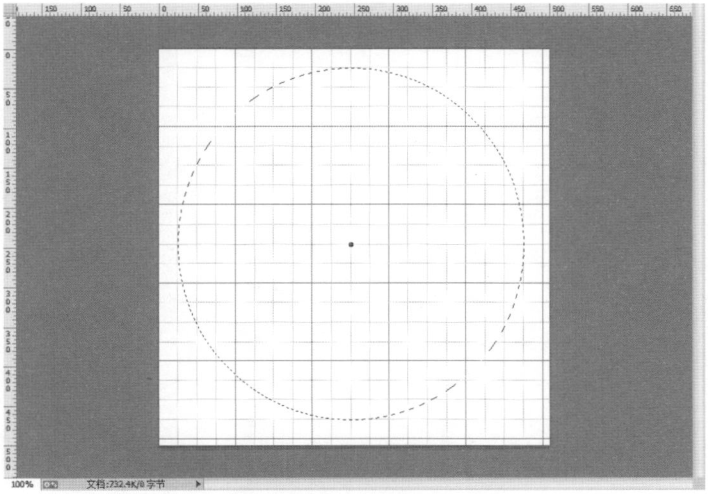

图3-13 正圆选区

（3）使用椭圆选框工具，按下快捷键“Shift+Alt”，从大的正圆选区中减去一个小一点的正圆选区，松开“Alt”键，并再次按下“Alt”键，即以图中的黑点为圆心绘制同心圆。效果如图3-14所示。

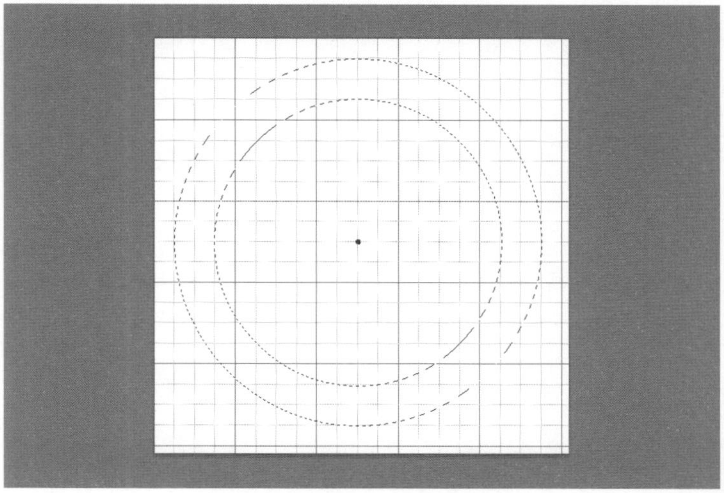

图3-14 绘制同心圆

（4）使用椭圆选框工具，按下快捷键“Shift+Alt”，在圆环中加入一个略小的正圆选区，松开“Shift”键，并再次按下“Shift”键，即以图中的黑点为圆心来绘制同心圆。效果如图3-15所示。

（5）同步骤（3），再绘制一个同心圆。效果如图3-16所示。

（6）把前景色设置为黑色，使用工具箱的油漆桶工具或快捷键“Alt+Delete”填充前景色。最终效果如图3-17所示。

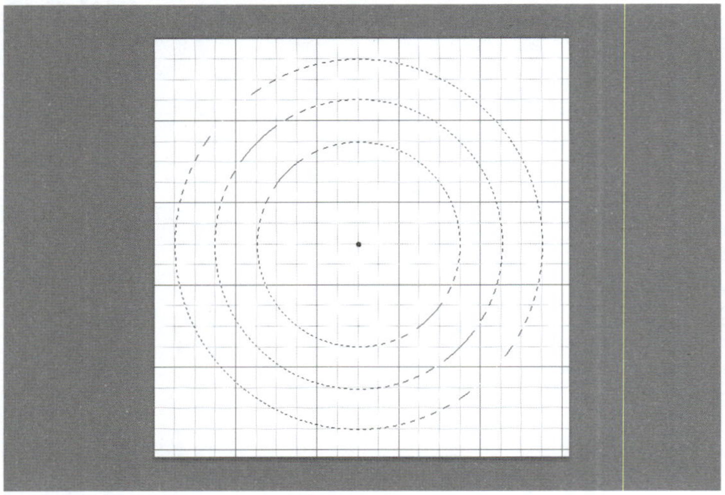

图3-15　再次绘制同心圆

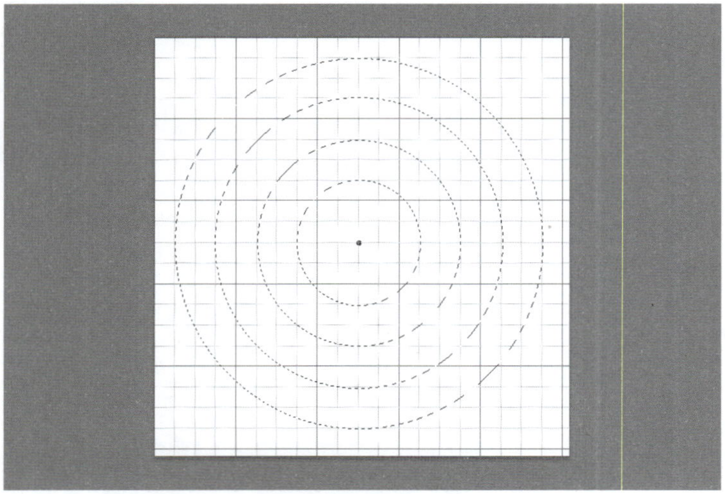

图3-16　绘制完选区

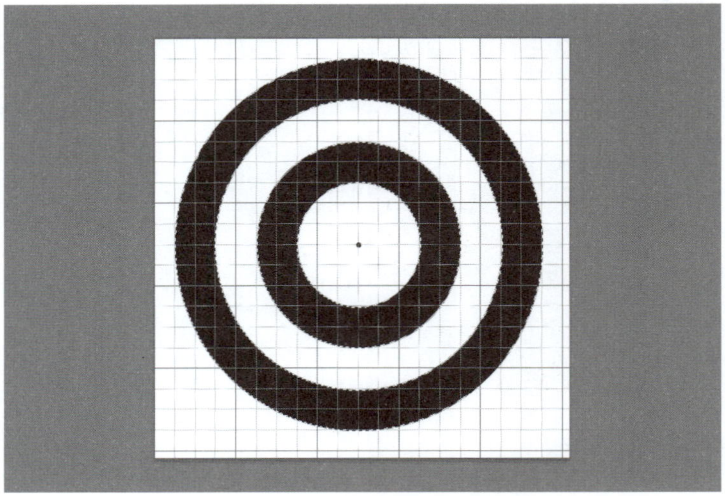

图3-17　最终效果1

Ps

经验指导

1.“矩形选框工具”主要用来绘制矩形选区，在它的选项条上可以规定所绘制矩形选区的大小与比例。不做任何设置时，我们建立的是矩形选区，结合快捷键再进行绘制时，可以建立正方形选区。

2.“椭圆选框工具”的主要功能是建立椭圆选区和正圆选区。不做任何设置时，我们建立的是椭圆选区，结合快捷键后，可以建立正圆选区。同样在其选项条上，可以规定所绘制选区的大小与比例。

3.“单行、单列选框工具”的主要功能是建立单位为1像素的“行”和“列”的选区，配合“Shift”键，我们可以创建一些表格和辅助线。在拖动鼠标创建选区时不松开鼠标左键，按下“Space”键，可保持当前的选区不变并可将其平移。松开“Space”键后，可继续绘制选区。

4. 选中“矩形选框工具”和“椭圆选框工具”，按下“Alt”键拖动鼠标，将以单击位置为中心点创建对称的选区形状。若同时按下“Alt”和“Shift”键，则可以创建正方形或正圆选区。

任务3

素材创建——福字装饰画

福字装饰画

任务目标：

1. 掌握多种“套索工具”的使用方法
2. 掌握多种“套索工具”参数设置的技巧

任务说明：

规则选框工具适用于选取外形较为单一的对象，而我们在选择一些外形相对复杂的设计素材时，就需要使用不规则选框工具，此时可以应用Photoshop中的“套索工具”来完成。

完成过程：

（1）在Photoshop软件当中把我们想要的设计素材拖曳进来，调整合适的视图大小，如图3-18所示。

（2）选择“套索工具”（快捷键是“L”键），套索工具组里的多边形套索工具适用于做有一定规则的选区，而磁性套索工具适用于制作边缘比较清晰且与背景颜色相差比较大的图片的选区，在使用的时候需要注意其属性栏的设置，如图3-19所示。

（3）选择“磁性套索工具”，使用鼠标沿物体外轮廓勾勒，就会自动捕捉物体的边缘以建立选区。“磁性套索工具”适用于快速选择边缘与背景反差较大的对象，图像反差越大，所选择的对象就越精准，如图3-20所示。

（4）通过快捷键“Ctrl+J”，将已完成的选区内的像素内容以新建图层的方式呈现出来，如图3-21所示。

（5）连续单击，以绘制出一个多边形，双击鼠标，即可自动闭合多边形路径。导入折扇素材，在工具箱中单击“多边形套索工具”按钮，使用鼠标在图像中需要创建选区的图像上连击并获得选区。“多边形套索工具”主要用于在图像或某个图层中手动创建多边形不规则选区。使用“多边形套索工具”可快速选择轮廓较为规则的对象，如图3-22所示。

（6）完成选区创建之后，按下快捷键“Ctrl+J”，并删除原始图层，就把我们想要的素材提取出来了，如图3-23所示。

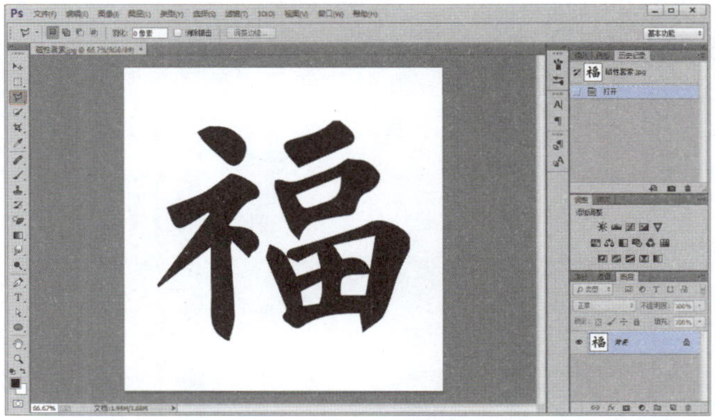

图3-18 设计素材1

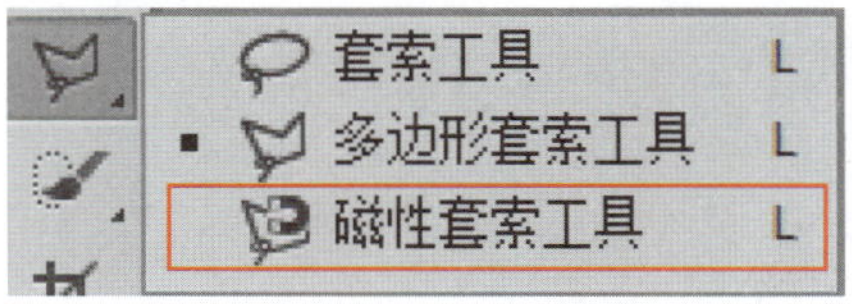

图3-19 套索工具

图3-20　磁性套索工具

图3-21　选区载入新图层

图3-22　多边形套索工具

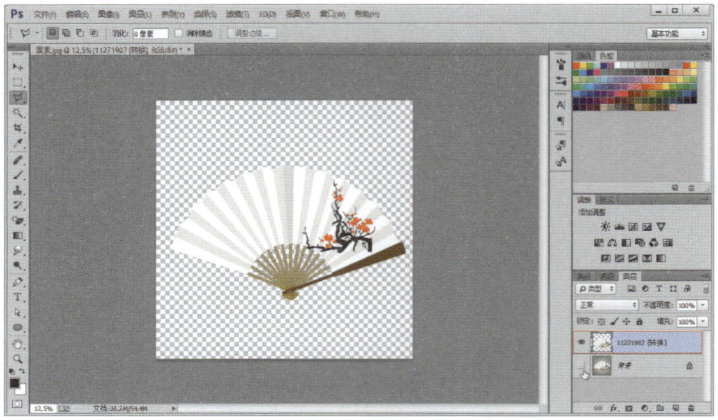

图3-23　素材提取

（7）将所有提取出的选区内容进行排列组合（图3-24），增加背景颜色，完成设计，最终效果如图3-25所示。

图3-24　排列组合

图3-25　最终效果2

经验指导

在使用选区工具时，选项栏当中的选项有一定的选择数值范围：

“羽化”的取值范围在0~250，可羽化选区的边缘，数值越大，羽化的范围越大。

"宽度"的取值范围在1~256，可设置一个像素宽度，一般使用默认值10。

"边对比度"的取值范围在1~100，可以设置"磁性套索工具"检测边缘图像灵敏度。如果选取的图像与周围图像间的颜色对比度较强，那么就应设置一个较高的百分数值；反之，输入一个较低的百分数值。

"频率"的取值范围在0~100，用来设置在选取时创建关键点的速率。数值越大，速率越大，关键点就越多。当图像的边缘较复杂时，需要较多的关键点来确定边缘的准确性，可采用较大的频率值，一般使用默认值57。在使用的时候，可以通过"Backspace"键或"Delete"键来控制关键点。

任务4

组合构成——拜年书法

拜年书法

任务目标：

1. 掌握"魔棒工具"的使用方法
2. 掌握"魔棒工具"参数设置的技巧

任务说明：

"魔棒工具"是Photoshop中提供的一种比较快捷的抠图工具，对于一些分界线比较明显的图像，通过"魔棒工具"可以快速地将图像抠出。

完成过程：

（1）在Photoshop软件当中把我们想要的设计素材拖曳进来，调整合适的视图大小，如图3-26所示。

（2）选择"魔棒工具"（快捷键是"W"键），它是根据颜色的色值分布来选取图像的。在需要选择的对象上连续地单击，就可以将鼠标单击位置的图像添加至选区。选中更多的图像区域，选择建立复合选区，"容差"设为32，勾选"消除锯齿"，勾选"连续"，如图3-27所示。

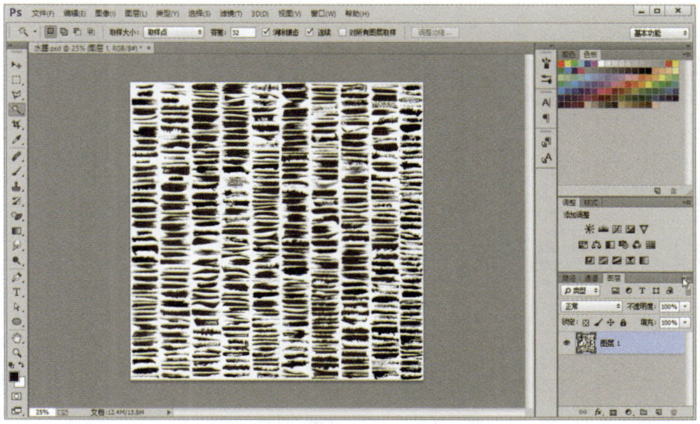

图3-26　设计素材2

图3-27　魔棒工具

（3）单击素材建立复合选区，把我们想要的书法笔迹提取出来，如图3-28所示。

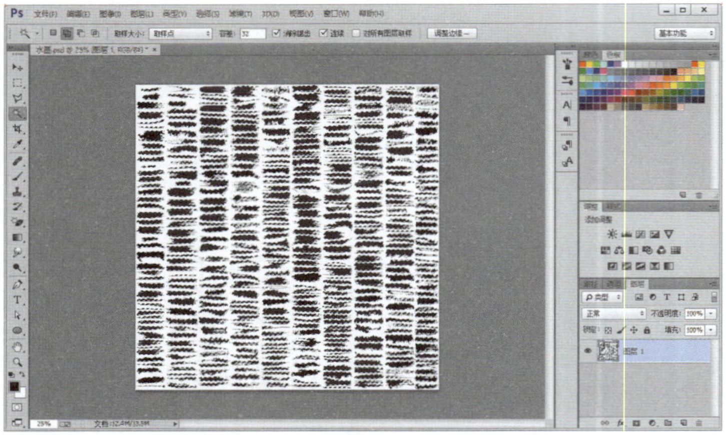

图3-28　建立复合选区

（4）选择反选（快捷键“Ctrl+Shift+I”），我们就得到了所需素材以外的背景内容，再按下“Delete”键删除背景，我们想要的素材就保存下来了，如图3-29所示。

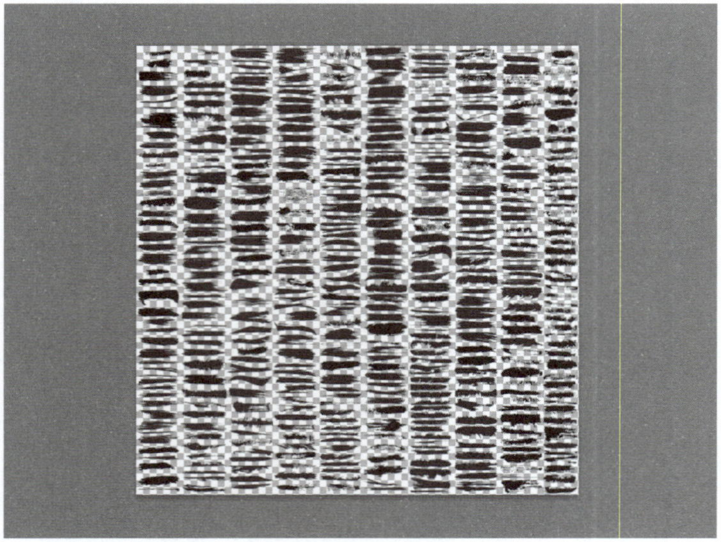

图3-29　删除背景1

（5）新建一个文件，600像素×1 500像素，分辨率为300像素/英寸，命名为“拜年”。输入书法“拜年”作为文字素材并分析下一步丰富字体作品的位置，如图3-30所示。

图3-30　新建文字素材

（6）配合选区工具框选出有用的水墨笔迹，并拖曳到“拜年”文件里，如图3-31所示。

图3-31　配合选区工具框选素材

（7）把素材载入文件，通过快捷键“Ctrl+T”调整水墨笔迹的大小及角度完成设计，如图3-32所示。

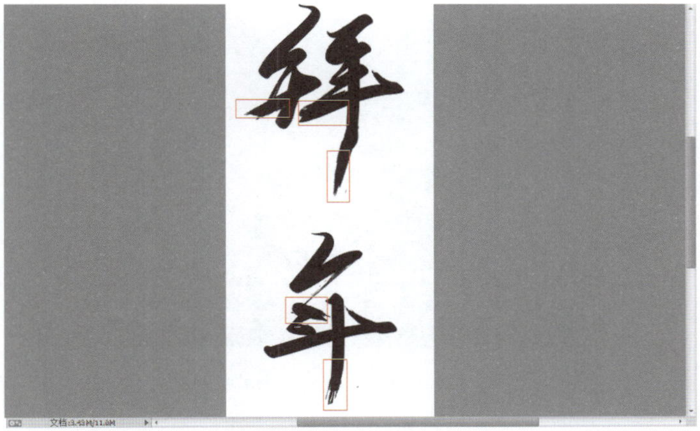

图3-32 完成设计2

经验指导

使用选区工具时，选项栏当中的“容差”影响着选取范围的大小，决定选择区域的精度，值越大越不精确；“连续”是指限制参数，不间断，只选择与鼠标落点处颜色相近相连的部分；“对所有图层取样”是指选择所有图层上与鼠标落点处颜色相近的部分，否则只选择当前层。

任务5

快速提取——国风天坛

国风天坛

任务目标：

1. 掌握“快速选择工具”的使用方法
2. 掌握“快速选择工具”参数设置的技巧

任务说明：

“快速选择工具”可以通过调整画笔的笔触、硬度和间距等参数来快速通过单击或拖动鼠标创建选区。拖动时，选区会向外扩展并自动查找和跟随图像中定义的边缘。它是一个非常好用而且操作简单的选取工具。

完成过程：

（1）在Photoshop软件当中把我们想要的设计素材拖曳进来，调整合适的视图大小，如图3-33所示。

图3-33 设计素材3

（2）选择“快速选择工具”，快捷键也是“W”键。

新选区：此选项可直接建立选区。

添加到选区：在新选区的建立中，单击此选项或按下键盘上的快捷键“Shift”键，可以将未选取的部分添加到选区中，以使选区范围精确。

从选区减去：在新选区的建立中，单击此选项或按下键盘上的快捷键“Alt”键，可以在已经选取的选区中减去多选的部分，以使选区范围精确。

选取笔头的大小：此按钮可以定义选取时选取笔头的大小。在英文输入模式下，可以使用键盘上的“{”“}”快捷键来增大或减小画笔的大小、范围。

自动增强 自动增强：自动增强选区边缘。

（3）单击素材并拖动鼠标，直到所有需要的内容都被框选，如图3-34所示。

图3-34　建立选区

（4）选择反选（快捷键“Ctrl+Shift+I”），我们就得到了所需素材以外的背景内容，再按下“Delete”键删除背景，我们想要的素材就保存下来了，如图3-35所示。

图3-35　删除背景2

（5）最后结合我们想要的背景图片，完成设计，如图3-36所示。

图3-36　完成设计3

经验指导

“魔棒工具”用于选择图像中像素颜色相似的不规则区域，它主要通过图像的色调、饱和度和亮度信息来决定选取的图像范围。

“快速选择工具”主要通过单击鼠标在需要的区域迅速创建出选区，它以画笔的形式出现，通过调整画笔的笔触大小来控制选择对象的范围，画笔直径越大，所选择的图像范围就越广。

任务6

路径编辑——中秋喜兔

中秋喜兔

任务目标：

1. 使用“钢笔工具”创建直线、闭合几何图形路径
2. 使用“钢笔工具”创建曲线路径

任务说明：

“钢笔工具”可以绘制出精确的直线或曲线路径，通过将这些绘制的路径转换为选区，就能够从原图像中选出需要的对象。

使用“钢笔工具”创建直线、闭合几何图形路径。选择钢笔工具，将钢笔工具定位到直线的起点，并按下鼠标左键，在绘制过程中，同时按下“Shift”键可创建取向为水平、垂直和与水平方向呈45°的直线，如图3-37所示。

如要闭合路径，将最后一个锚点定位在第一个（空心）锚点上，钢笔工具指针旁将出现一个小圆圈，单击可闭合路径；如要建立开放路径，可以在选择结束时按下“Ctrl”键，并单击空白处。

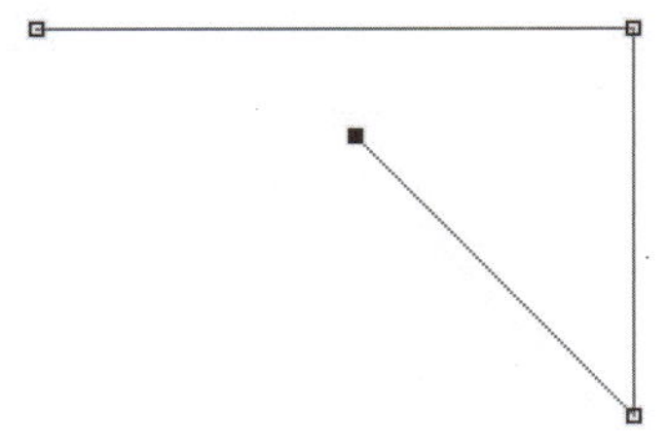

图3-37 创建直线、闭合几何图形路径

使用“钢笔工具”创建曲线路径，将钢笔工具定位到曲线的起点，按下鼠标左键，此时会出现第一个锚点，同时钢笔工具指针变为一个箭头。保持按下鼠标左键的状态不要松手，拖动鼠标以设置要创建的曲线段的斜度，然后松开鼠标左键，如图3-38所示。

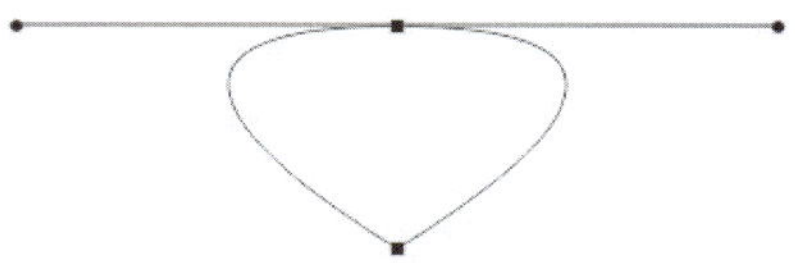

图3-38 创建曲线路径

如要修改路径，可以使用工具箱中的“路径选择工具”或“直接选择工具”。

如对路径不满意，还可以使用“添加锚点工具”和“删除锚点工具”对路径修改。“添加锚点工具”默认添加的是曲线锚点。

“转换点工具”用来转换直线锚点和曲线锚点。曲线锚点转换为直线锚点，直接使用鼠标单击锚点即可；直线锚点转换为曲线锚点，需按下鼠标左键并拖动，出现箭头时再松开，如图3-39所示。

绘制好路径后，可在工具选项条单击建立选区按钮，将路径转换为选区，或者单击新建图层按钮，创建形状图层，创建的路径还可以转换为矢量蒙版。

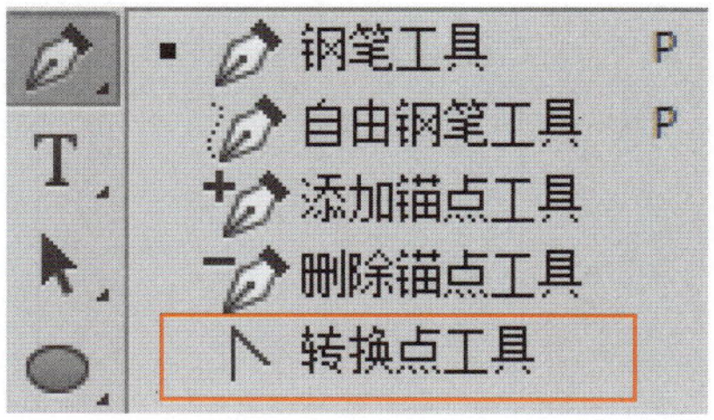

图3-39 钢笔工具

完成过程：

（1）在Photoshop软件当中把我们想要的设计素材拖曳进来，如图3-40所示，调整合适的视图大小。

（2）选择“钢笔工具”，将钢笔工具定位到图像起点，并按下鼠标左键，绘制过程中会出现一个锚点，同时钢笔工具指针变为一个箭头，保持按下鼠标左键的状态不要松手，拖动鼠标后显示出曲线控制杆，调节曲线控制杆创建曲线，如图3-41所示。

（3）通过“钢笔工具”把整个图像都勾勒完毕，并单击开始的第一个描点，形成闭合路径，如图3-42所示。

（4）单击“路径”面板下方的“将路径作为选区载入”按钮，系统将使用默认的设置将当前路径转换为选区，或者单击新建图层按钮，可创建形状图层，创建的路径还可以转换为矢量蒙版。也可以按住“Ctrl”键并单击“路径”面板中的路径缩略图，将选区载入图像，如图3-43所示。

图3-40　设计素材4

图3-41　绘制锚点

图3-42　形成闭合路径

图3-43　将“路径”转换为“选区”

（5）得到了所需素材之后，就可以使用“移动工具”组合排版出需要的画面了，完成设计，如图3-44所示。

图3-44　排版画面

经验指导

在“钢笔工具”选项条中，“橡皮带”选项，可在移动指针时预览两次单击之间的路径段；☑自动添加/删除 选项，可以在单击线段时添加锚点，或在单击锚点时删除锚点。

任务7

图像综合——太极图形绘制

太极图形绘制

任务目标：

1. 掌握选区之间的加减运算使用方法
2. 掌握渐变填充选区的使用技巧

任务说明：

在本任务中我们将制作太极图形。在制作的过程当中掌握编辑选区、填充颜色的技巧，可用于标志设计或品牌形象设计当中。通过渐变填充与选区之间加减运算的使用增加图形的层次感，做出较为逼真的效果。

完成过程：

（1）新建一个文件，尺寸为800像素×800像素，分辨率为72像素/英寸，如图3-45所示。

（2）使用快捷键“Ctrl+R”调出标尺，设定水平和垂直数值为400像素，交叉点为图形中心，如图3-46所示。

（3）新建图层并使用椭圆选框工具，单击选定的图形中心同时按下快捷键“Shift+Alt”，拖动鼠标绘制正圆选区，填充白色。效果如图3-47所示。

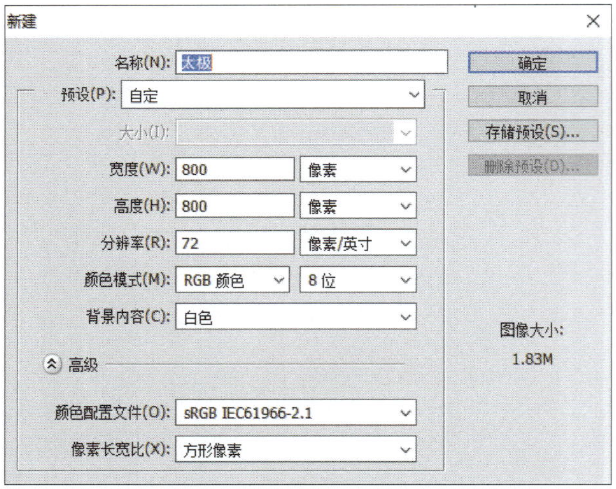

图3-45　新建文件3

图3-46　绘制图形中心

（4）在制作出的正圆选区上，选择“从选区减去”减去下半正圆选区。之后新建图层并在新图层基础上填充黑色，完成半圆图形绘制。效果如图3-48所示。

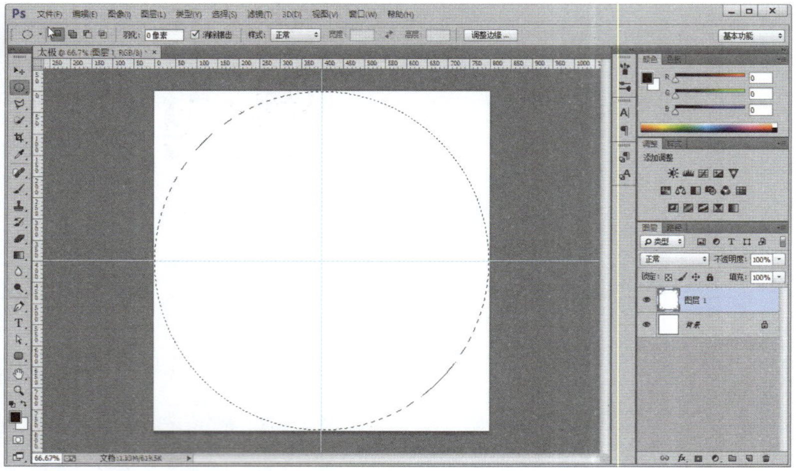

图3-47　绘制正圆选区

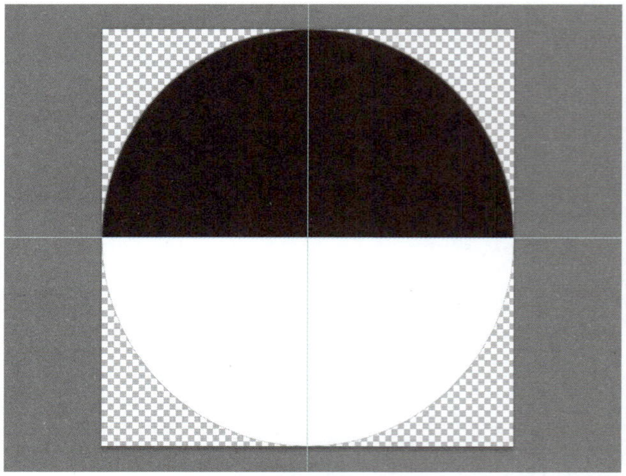

图3-48　半圆图形绘制

（5）分别在200像素和600像素垂直位置上新建参考线，把画面平均分为4部分，为下一步绘制设定中心点，效果如图3-49所示。

（6）在红点的位置使用椭圆选框工具，单击此中心点的同时按下快捷键“Shift+Alt”拖动鼠标绘制正圆选区，直径为原图形的一半，按下“Delete”键删除选区内的像素，效果如图3-50所示。

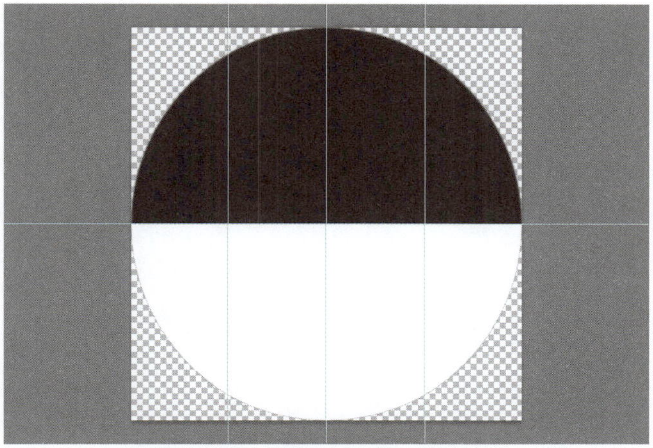

图3-49　再次新建参考线

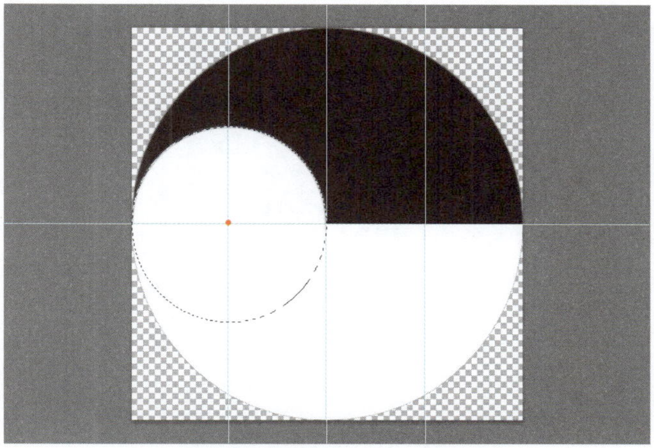

图3-50　删除多余像素

（7）在另一侧中心点处选择“增加到选区”绘制同样大小的正圆选区，并填充黑色完成基本形状的绘制，效果如图3-51所示。

（8）把黑色区域图层的不透明度降到60%并新建图层，选择径向渐变工具，设置“黑色到透明渐变”并进行拖曳完成立体效果的填充，效果如图3-52所示。

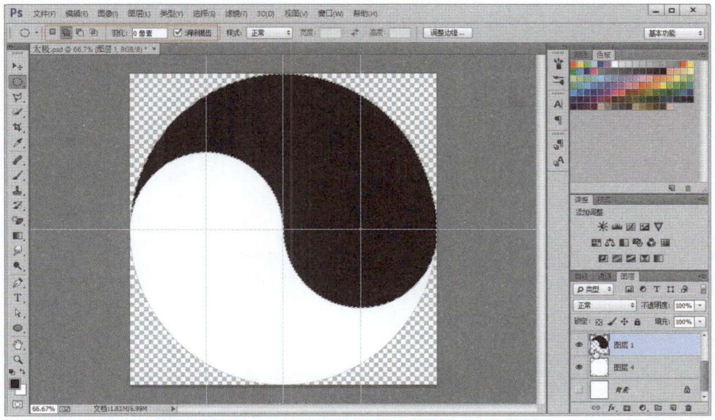

图3-51　黑色区域的绘制

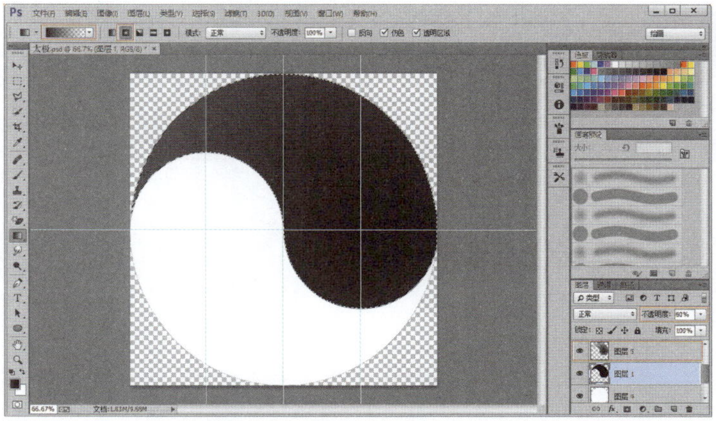

图3-52　黑色区域增加立体效果

（9）使用同样的方法，给“太极”图形的白色区域增加立体效果，这个区域的新图层不透明度降到10%，效果如图3-53所示。

（10）在左侧中心点上绘制“固定大小”宽、高设定为80像素的正圆选区并填充黑色，效果如图3-54所示。

（11）在另一侧，使用同一方法绘制白色正圆，效果如图3-55所示。

（12）在“视图”菜单中选择“清除参考线”，最终效果如图3-56所示。

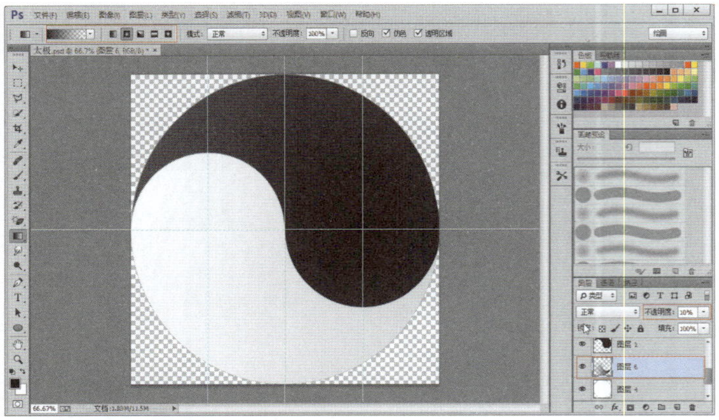

图3-53　白色区域增加立体效果

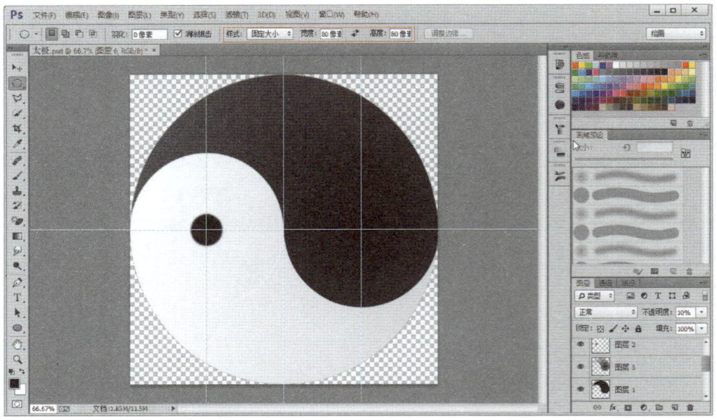

图3-54　填充黑色正圆

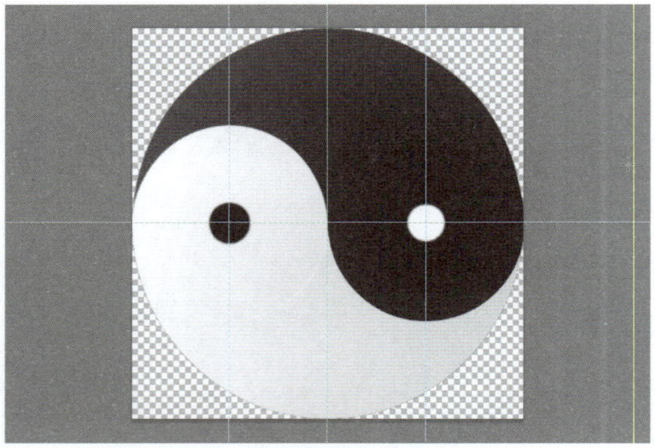

图3-55　填充白色正圆

图3-56　最终效果3

经验指导

选区的编辑操作命令主要集中在“编辑”菜单下：

1. 剪切、拷贝、粘贴

“剪切”（快捷键“Ctrl+X”）、拷贝（快捷键“Ctrl+C”）和粘贴（快捷键“Ctrl+V”）命令，也可移动和复制选区。

“拷贝”命令将当前图层选区内的图像放在剪贴板中，该操作对原图没有影响。

“剪切”命令同样将选区图像放在剪切板中，该区域会从原图中剪除，并以背景色（指背景层的图像）填充或变成透明区域（指普通层的图像）。

2. 选择性粘贴

“选择性粘贴”包含三个选项，分别是原位粘贴（快捷键“Shift+Ctrl+V”）、贴入（快捷键“Alt+Shift+Ctrl+V”）和外部粘贴。

“原位粘贴”指的是在图层的原有位置再粘贴一次选取的图像内容，并在“图层”面板出现新粘入的图层。

“贴入”命令可将内容粘贴到指定区域，将指定区域作为存储的“临时通道”，并将它作为蒙版，复制的内容在这个蒙版中显示。

“外部粘贴”命令与“贴入”命令相似，只不过蒙版的显示以反白处理。

拓展训练

半透明物品的抠取是抠图中的一大难点，对于此类对象的抠取，不仅需要抠出物体的整体轮廓，而且需要将物体的透明质感表现出来，“色彩范围”常用来创建复杂选区。

使用“色彩范围”菜单命令创建选区的方法是：选择“选择→色彩范围”菜单命令，打开“色彩范围”对话框，在其中选择“吸管工具”，然后在图像中需要创建选区的部分单击取样颜色，或在“颜色容差”文本框中输入数值设置选取颜色的范围（值越大，选区越准确），颜色选取完成后单击“确定”按钮。如图3-57、图3-58所示。

图3-57　使用“色彩范围”

图3-58　创建选区完成训练

模块四

字体设计——Photoshop CC文字编辑创意

知识目标

熟练掌握文字的创建与编辑，更改文字的大小、颜色、字体、样式，了解文字图层的含义，熟练地为文字添加艺术效果。

能力目标

熟练掌握画笔预设、滤镜、图层样式等增加文字效果的方法并能够合理应用，为文字编辑增加创意效果。

素质目标

初步建立运用文字工具设计不同风格文字的意识，能够细致认真地发挥文字创意，用文字传播弘扬中华优秀传统文化。

重点难点

重点：图层的混合模式。

难点：文字编辑与滤镜效果。

参考学时

任务1　文字的创建与编辑——邮票的制作	1课时
任务2　文字编辑与图层样式——金色祥云福字	1课时
任务3　文字编辑与图案填充——气球文字效果	1课时
任务4　文字编辑与滤镜效果——卡通文字	1课时

任务1

文字的创建与编辑——邮票的制作

邮票的制作

任务目标:

1. 掌握利用画笔预设制作邮票锯齿边缘
2. 掌握文字的大小、样式、颜色编辑

任务说明:

邮票中包含简单的字体样式、大小、颜色等，通过本任务的学习，基本掌握文字工具的基础应用，比如邮票的锯齿边缘是通过调节画笔预设的间距来完成的。在案例学习当中若能灵活运用工具，事半功倍。

完成过程:

（1）新建一个3 000像素×1 500像素，分辨率为150像素/英寸的文档，导入邮票素材并调整位置，如图4-1所示。

图4-1　导入素材后的效果

（2）双击解锁背景图层，选择橡皮擦工具并更改画笔预设，不透明度为100%，间距调整为148%，设置如图4-2所示。

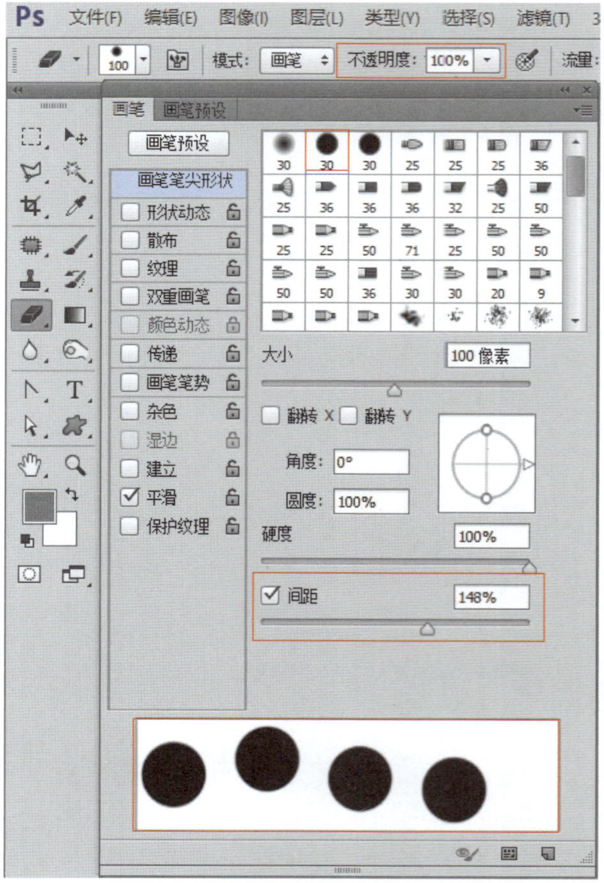

图4-2　橡皮擦工具画笔预设

（3）选择图层0，在矩形边缘单击鼠标左键并按下“Shift”键，顺序单击边缘的其他地方进而擦除画面，形成邮票的锯齿边缘，如图4-3所示。

图4-3 邮票锯齿边缘效果

（4）新建图层，填充灰色RGB（119，119，119）并置于底层，选择图层0和图层1进行缩放，为图层0添加投影图层样式，角度为162度、距离为13像素、扩展为9%、大小为29像素，如图4-4所示。

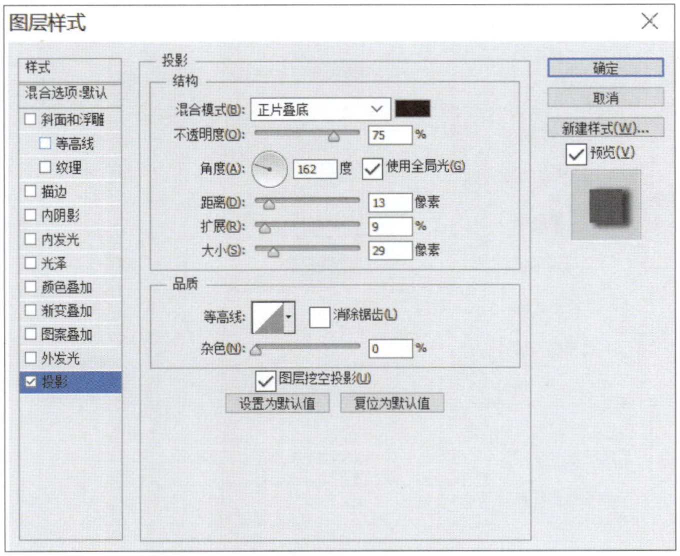

图4-4 添加投影图层样式参数设置

（5）选择文字工具添加邮票的铭记、面值、志号等，如图4-5所示。

图4-5 添加文字后的效果

（6）“字符”面板提供用于设置字符格式的选项，如图4-6所示。

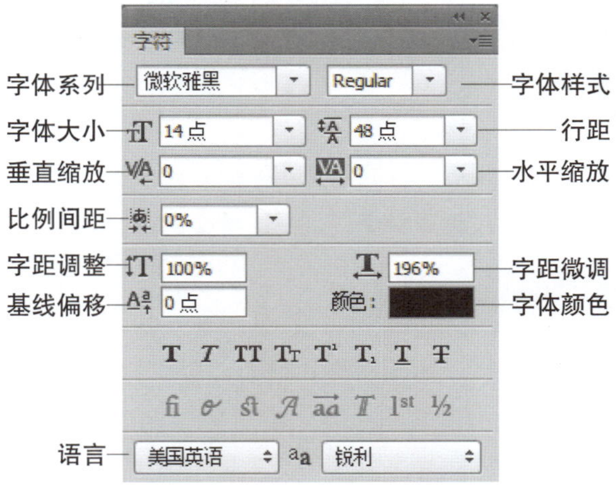

图4-6 “字符”面板概貌

（7）给邮票增加效果，选中图层1，在缩略图上单击并按下“Ctrl”键，调出选区后，在菜单栏选择“选择→修改→收缩”，设置收缩值为15像素，再选择“编辑→描边”，设置描边像素值为5，描边颜色为RGB（236，191，56），最终效果如图4-7所示。

图4-7　邮票的最终效果

经验指导

当使用预设画笔时，按“[”键可减小画笔宽度；按“]”键可增加画笔宽度。对于硬边圆、柔边圆和书法画笔，快捷键“Shift+[”可减小画笔硬度；快捷键”Shift+]”可增加画笔硬度。

任务2

文字编辑与图层样式——金色祥云福字

金色祥云福字

任务目标：

1. 掌握利用图层样式给文字添加效果
2. 掌握通过色彩平衡调整图层给文字增加效果

任务说明：

通过给文字添加图层样式增加金属立体效果，用色彩平衡调整图层来调整颜色，再给祥云图案图层添加图层样式，增加金属质感。

完成过程：

（1）新建文档，800像素×600像素，背景为白色。如图4-8所示。

（2）选择渐变工具，颜色从暗红RGB（109，33，13）到深红RGB（58，32，26），然后径向渐变由画布中心向边角拉出，效果如图4-9所示。

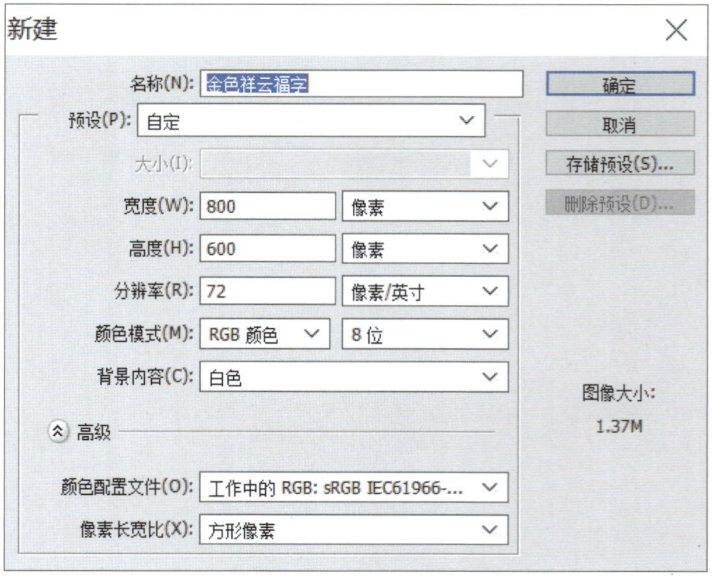

图4-8　“新建”对话框设置

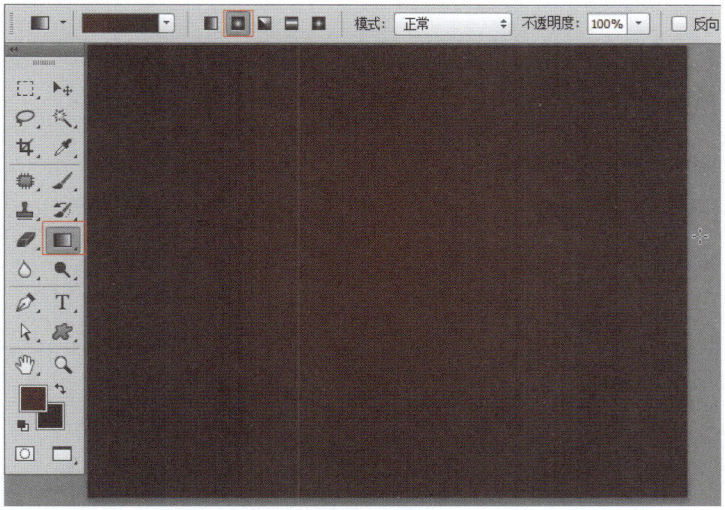

图4-9　应用径向渐变后效果

图4-10　添加图层样式

（3）将福字素材导入文件，调整素材的大小和位置，双击素材缩略图后面区域或者单击“图层”面板的添加图层样式按钮，如图4-10所示。

（4）在“图层样式”对话框左侧的“样式”栏中选择“斜面和浮雕”，样式为外斜面，方法为雕刻清晰，深度为969%，大小为8像素，角度为-110度，高度为30度，不使用全局光；高光模式为正常，颜色为RGB（250，188，20），不透明度为100%；阴影模式为正常，颜色为RGB（0，0，0），不透明度为100%，如图4-11所示。

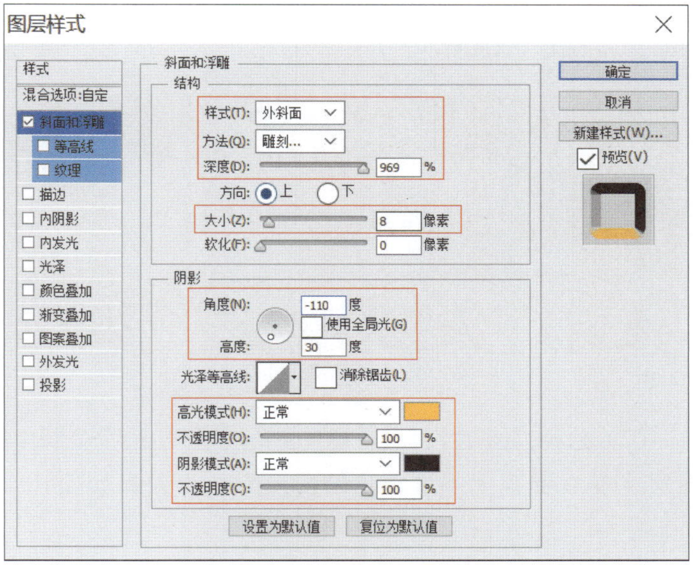

图4-11　“图层样式”对话框参数设置

（5）在“图层”面板中将“填充”降为0%，更改后效果如图4-12所示。

图4-12　更改“填充”数值后效果

（6）打开祥云素材文件，使用选框工具框选素材，再选择菜单栏“编辑”菜单下的“图案”命令，将图案命名为“祥云”，如图4-13所示。

图4-13　命名祥云图案

（7）选择“福”字图层，通过快捷键“Ctrl+J”复制当前图层，在右键菜单中选择清除图层样式，效果如图4-14所示。

图4-14　复制“福”字图层后的效果

（8）选择当前“福”字图层，添加“图案叠加”图层样式，图案选择“祥云”，缩放值为40%，设置如图4-15所示。

（9）按住“Ctrl”键在“图层”面板单击当前图层的缩略图来载入选区，单击“图层”面板按钮◐创建渐变映射调整图层，颜色设置为RGB（252，237，28）、RGB（201，139，18）、RGB（92，51，20）、RGB（201，139，18）、RGB（252，237，28），如图4-16所示。

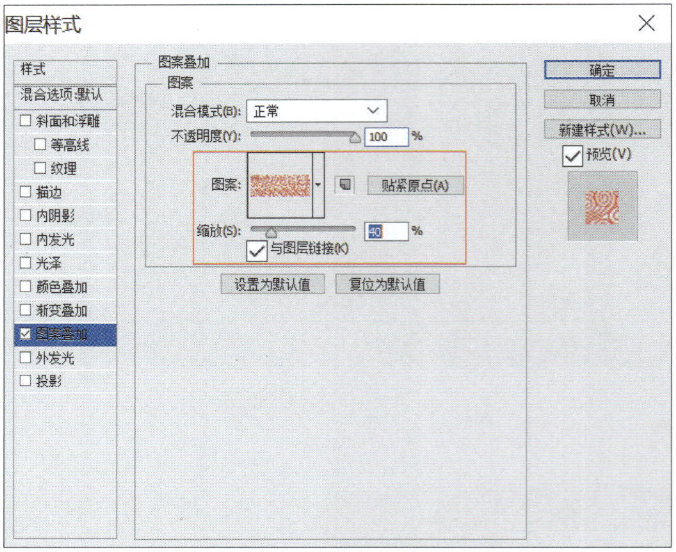

图4-15　“图案叠加”图层样式参数设置

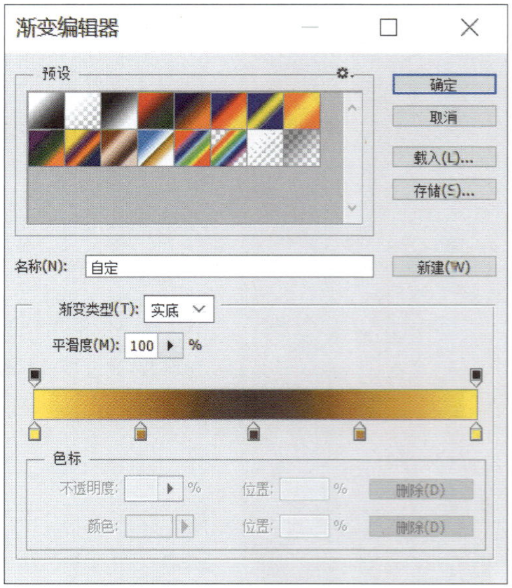

图4-16　渐变编辑器参数设置

（10）调整“福”字的颜色，创建色彩平衡调整图层，对中间调、高光进行调整，参数设置如图4-17、图4-18所示。

（11）创建剪切蒙版（快捷键“Ctrl+Alt+G”），选择图层1进行复制（快捷键“Ctrl+J”），拖曳至最顶层（快捷键“Ctrl+Shift+]”），清除图层样式，效果如图4-19所示。

（12）添加“内阴影”图层样式，混合模式为强光，颜色为RGB（241，169，44），角度为-90度，不使用全局光，距离为15像素，阻塞为40%，大小为25像素，如图4-20所示。

（13）添加“斜面和浮雕”图层样式，样式为内斜面，方法为雕刻清晰，大小为40像素，不使用全局光，角度为120度，高度为60度，高光模式和阴影模式均为叠加，不透明度均为75%，如图4-21所示。

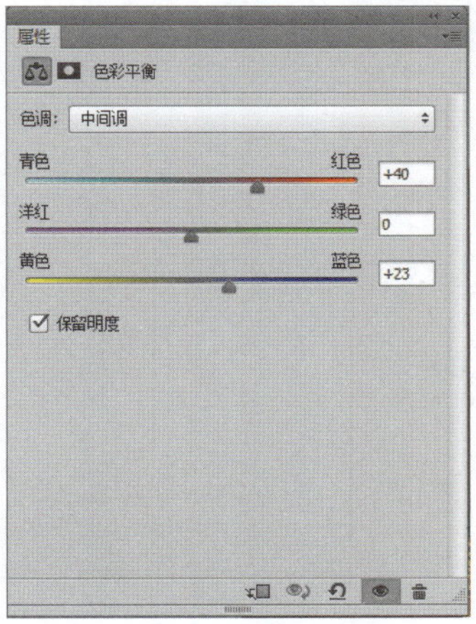

图4-17　色彩平衡调整图层中间调参数设置

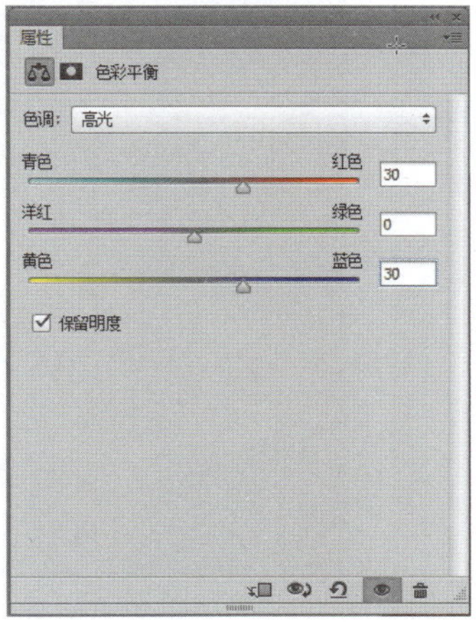

图4-18　色彩平衡调整图层高光参数设置

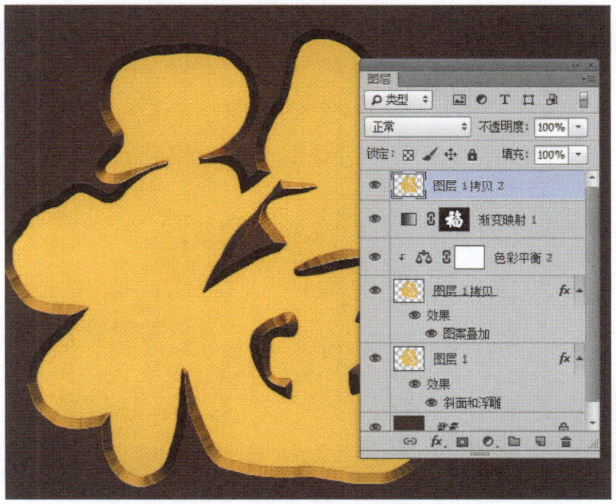

图4-19　复制图层1后的效果

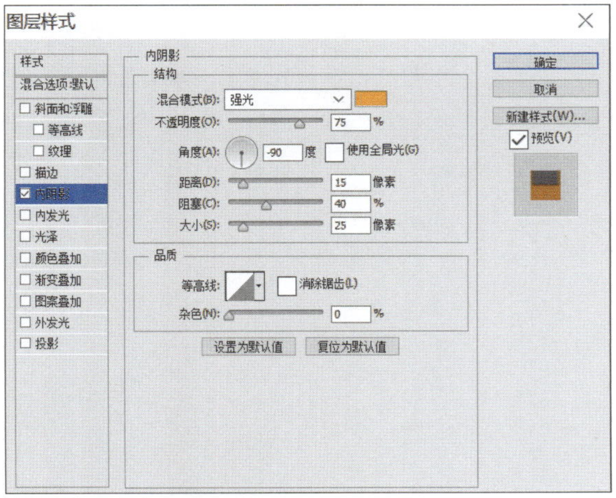

图4-20　“内阴影”图层样式参数设置

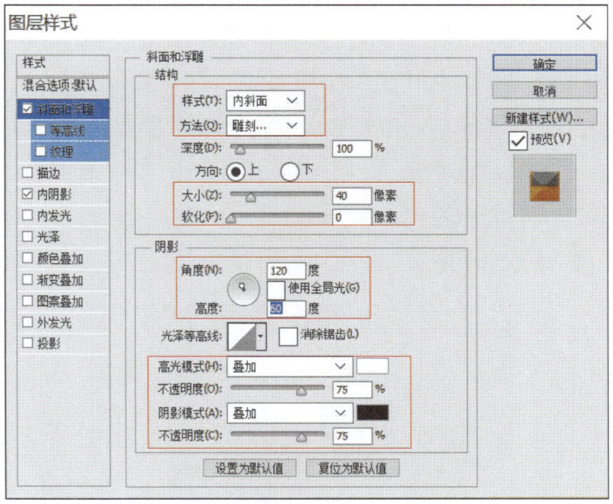

图4-21　“斜面和浮雕”图层样式参数设置

（14）添加“颜色叠加”图层样式，混合模式为颜色，颜色为RGB（215，143，68）；添加“渐变叠加”图层样式，混合模式为柔光，不透明度为40%，样式为对称的，如图4-22所示。

（15）将当前图层的填充降至0%，得到金色祥云福字最终效果，如图4-23所示。

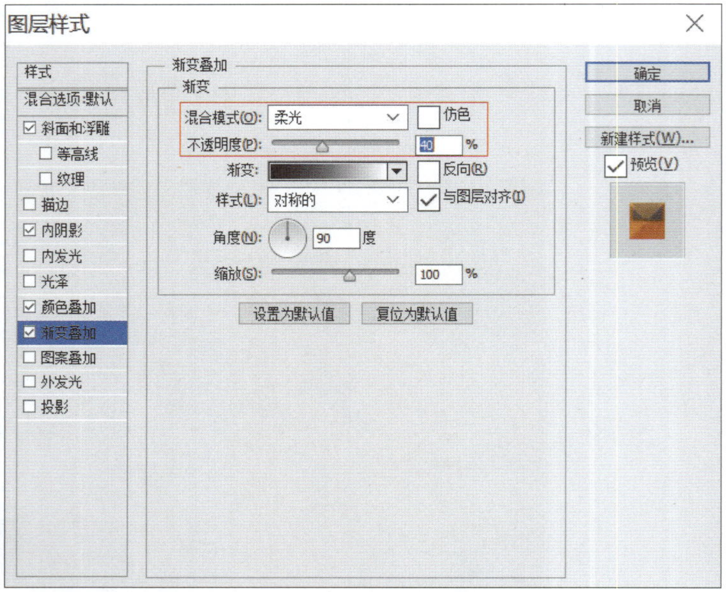

图4-22 “渐变叠加”图层样式参数设置

图4-23 金色祥云福字最终效果

经验指导

剪切蒙版的作用是使用某个图层的内容来遮盖其上方的图层。遮盖效果由底部图层或基底图层的内容决定。基底图层的非透明内容将在剪切蒙版中裁剪（显示）它上方图层的内容。剪切图层中的所有其他内容将被遮盖。

可以在剪切蒙版中使用多个图层，但它们必须是连续的。剪切蒙版中的基底图层名称带下划线，上层图层的缩略图是缩进的。叠加图层将显示一个剪切蒙版图标。

任务3

文字编辑与图案填充——气球文字效果

气球文字效果

任务目标：

1. 掌握利用图层样式给文字添加效果的方法
2. 掌握将自定义图案添加至图案库的方法

任务说明：

通过给文字添加多种图层样式产生气球质感效果，并将自定义图案添加至图案库来增加文字的逼真效果。

完成过程：

（1）在Photoshop中打开背景素材文件，将背景图层的混合模式更改为柔光，新建图层置于底层，并添加“渐变叠加”图层样式，“渐变”编辑器左边颜色为f8f8f8、右边颜色为6a6a6a，如图4-24所示。

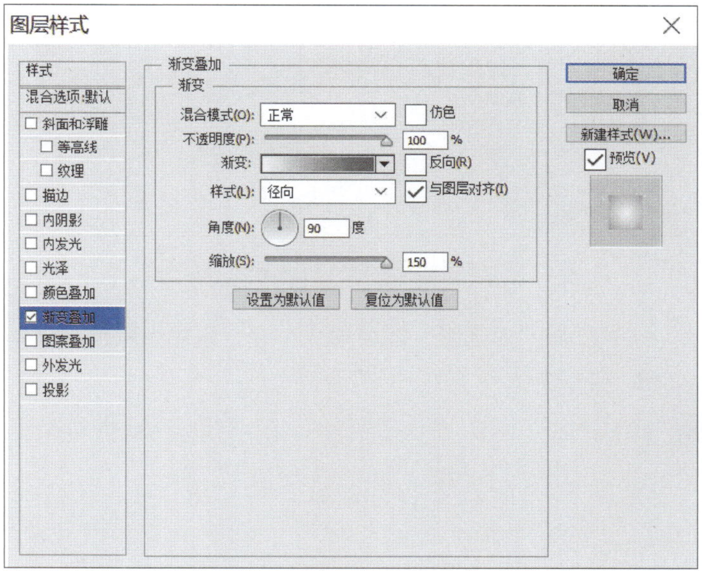

图4-24 图层1“渐变叠加”图层样式设置和预览

（2）选择文字工具，输入“新年快乐”，颜色为白色，字体建议选择圆润的，会更符合气球质感，复制“新年快乐”图层，并把复制图层的填充降为0%，如图4-25所示。

图4-25 文字图层设置

（3）给“新年快乐”图层添加“斜面和浮雕”图层样式，样式为内斜面，方法为雕刻清晰，深度为200%，大小为15像素，角度为40度，高度为50度，光泽等高线选择凹槽-低，勾选“消除锯齿”，高光模式为线性光，阴影模式为滤色，颜色为878787，不透明度为70%，如图4-26所示。

勾选“等高线”，等高线选择对数模式，勾选“消除锯齿”；勾选“纹理”，图案选择灰色条纹，如图4-27所示。

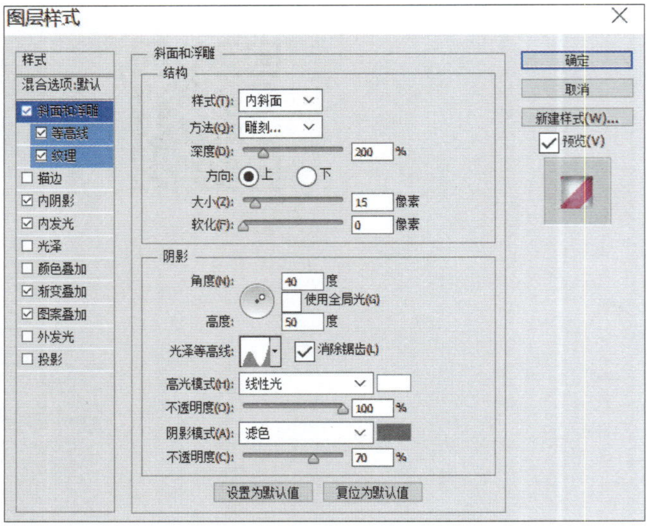

图4-26 “斜面和浮雕”图层样式参数设置

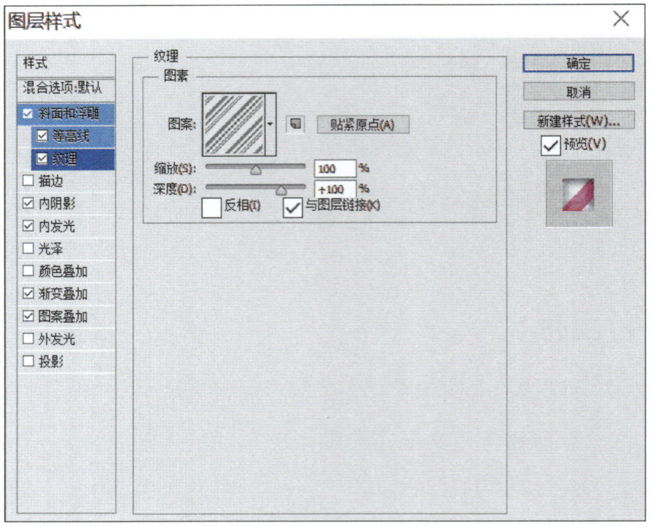

图4-27 “纹理”栏参数设置

（4）添加“内阴影”图层样式，混合模式为颜色减淡，不透明度为40%，角度为-106度，距离为5像素，大小为5像素，如图4-28所示。

（5）添加“内发光”图层样式，混合模式为线性加深，不透明度为61%，“渐变”编辑器左边颜色为391c21，右边颜色为f7efed，大小为12像素，如图4-29所示。

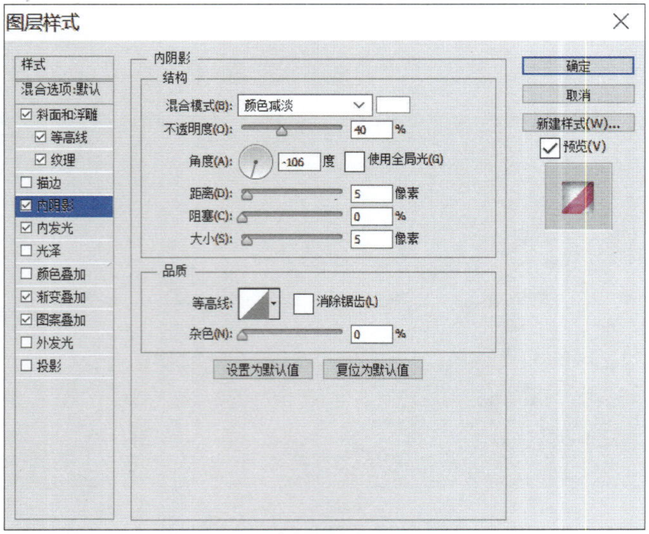

图4-28 “内阴影”图层样式参数设置

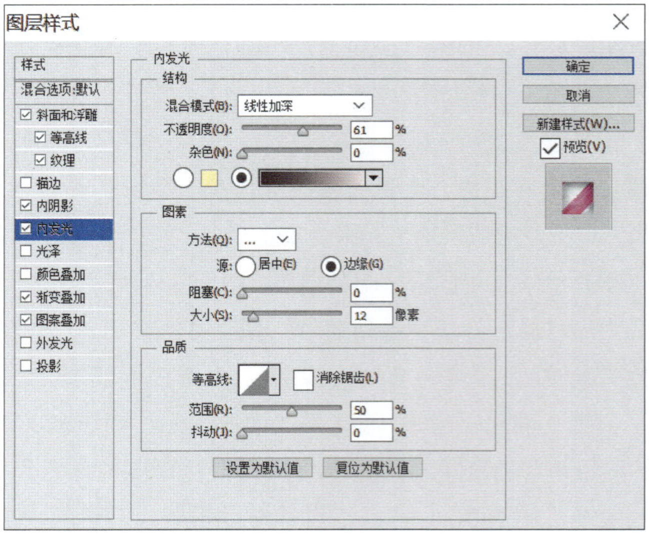

图4-29 “内发光”图层样式参数设置

（6）添加“渐变叠加”图层样式，混合模式为正片叠底，不透明度为35%，双击“渐变”编辑器，设置左边颜色为ffffff，右边颜色为12c3c3，样式为径向，缩放为150%，如图4-30所示。

（7）添加“图案叠加”图层样式，混合模式为正常，不透明度为100%，图案为紫色条纹，缩放为8%，如图4-31所示。

（8）给文字添加高光效果，选择“新年快乐”拷贝图层，添加“斜面和浮雕”图层样式，样式为内斜面，方法为雕刻清晰，深度为100%，方向为上，大小为20像素，角度为59度，光泽等高线为线性，高光模式为线性光，阴影模式为滤色，颜色为878787，不透明度为70%，如图4-32所示。

等高线选择半圆模式，最终效果如图4-33所示。

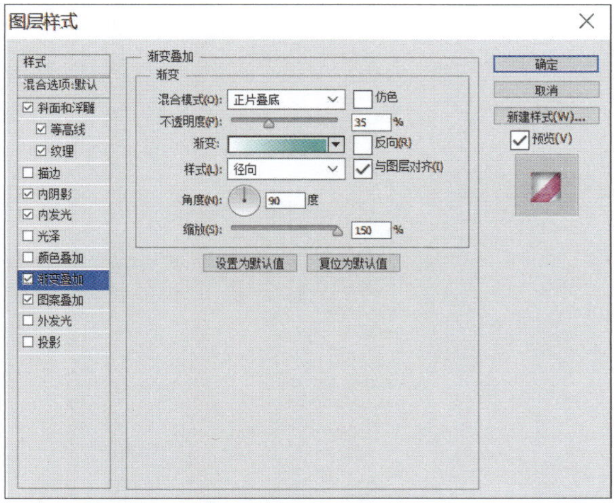

图4-30 “渐变叠加”图层样式参数设置

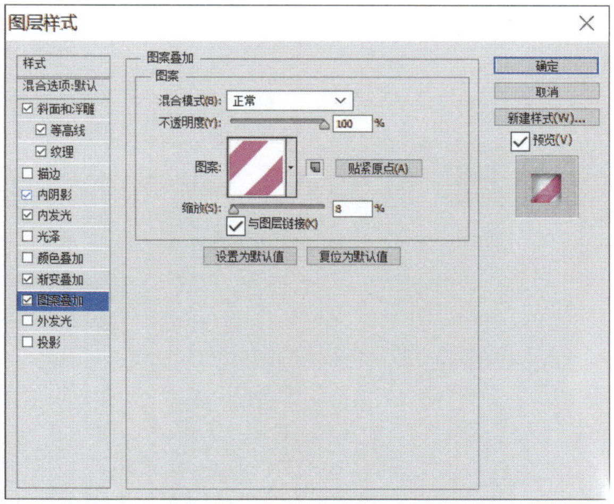

图4-31 “图案叠加”图层样式参数设置

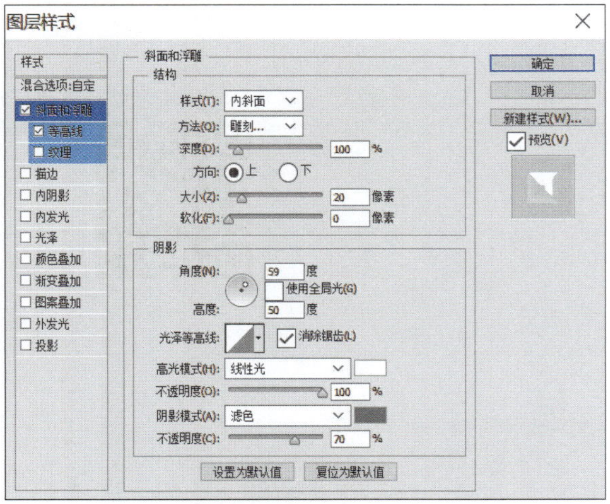

图4-32 “斜面和浮雕”图层样式参数设置

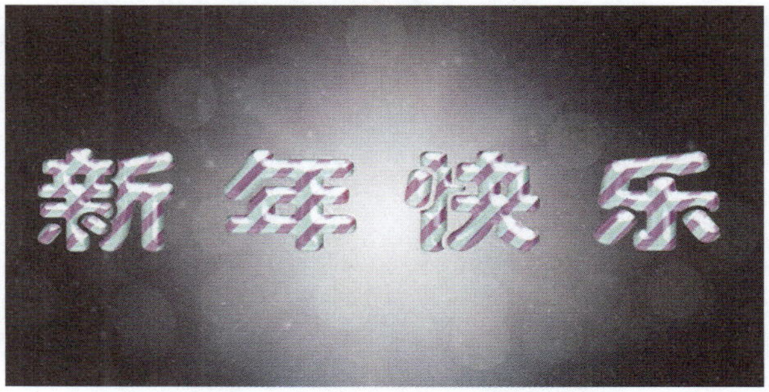

图4-33 气球文字的最终效果

经验指导

载入图案的方法，一种是在“编辑”菜单下选择“预设→预设管理器”，预设类型选择“图案”，单击“设置”按钮⚙可以载入Photoshop自带的图案，如图4-34所示；另一种是自定义图案，打开预设图案文件（在没有选区的情况下文件全部为图案，在有选区情况下选区内容为图案），选择“编辑”菜单下的“定义图案”命令，如图4-35所示。

图4-34 “预设管理器”窗口

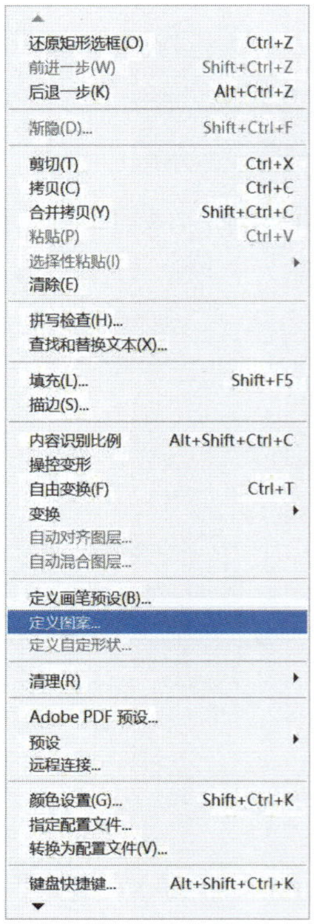

图4-35 “编辑”菜单下的“定义图案”命令

任务4

文字编辑与滤镜效果——卡通文字

卡通文字

任务目标：

1. 掌握智能滤镜的使用方法
2. 掌握剪切图层的使用方法

任务说明：

通过智能滤镜、图层样式的综合运用，以及剪切图层、画笔预设的更改来增加文字的逼真效果。

完成过程：

（1）在Photoshop中打开卡通文字背景素材，选择文本工具输入“卡通文字”，填充颜色为白色，文字大小为160像素，字体为琥珀，如图4-36所示。

图4-36　文本输入效果

（2）选择面板设置变形文字，样式为扇形，方向为水平，弯曲为30%，水平扭曲为-20%，如图4-37所示。

图4-37　变形文字参数设置

（3）给文字图层添加“描边”图层样式，大小为10像素，位置为外部，填充类型为渐变，“渐变”编辑器左、右颜色和位置分别为f80000、45%和000000、60%，样式为迸发状，如图4-38所示。

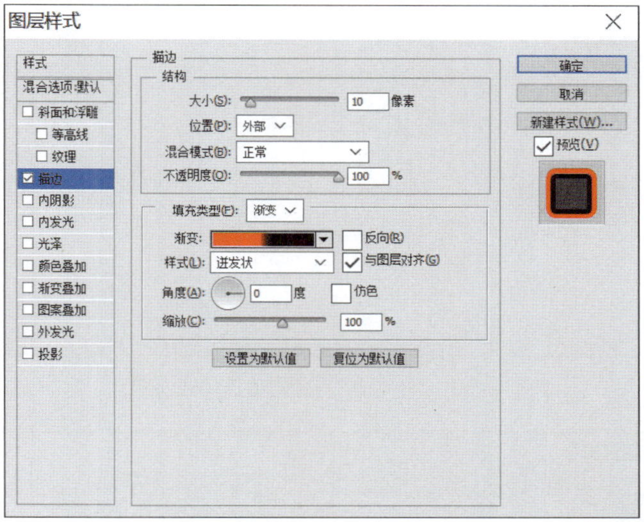

图4-38　“描边”图层样式参数设置

（4）添加“内阴影”图层样式，混合模式为正常，颜色为fff000，不透明度为100%，角度为180度，不使用全局光，距离为3像素，阻塞为100%，勾选“消除锯齿”，如图4-39所示。

（5）添加“光泽”图层样式，混合模式为正常，颜色为fff000，不透明度为100%，角度为90度，距离为2像素，勾选“消除锯齿”，不反相，如图4-40所示。

（6）添加“颜色叠加”图层样式，混合模式为正片叠底，颜色为fff000，不透明度为100%，如图4-41所示。

（7）添加“图案叠加”图层样式，载入红色圆点图案素材；添加“外发光”图层样式，混合模式为正常，不透明度为100%，颜色为fff000，方法为柔和，扩展为94%，大小为11像素，如图4-42所示。

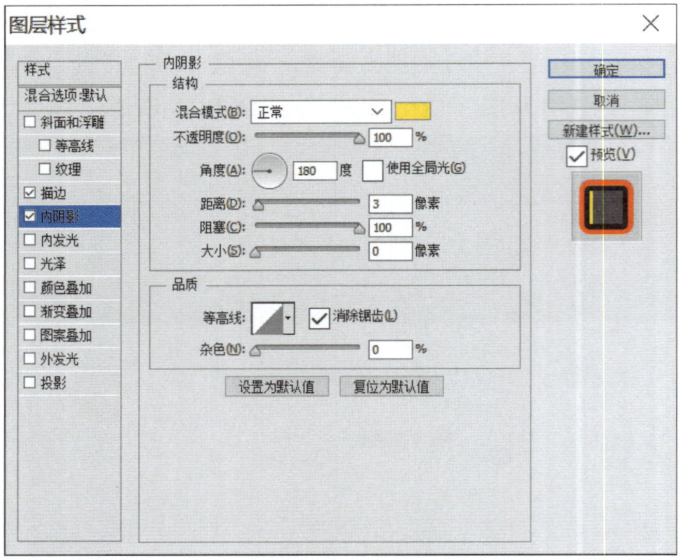

图4-39 “内阴影”图层样式参数设置

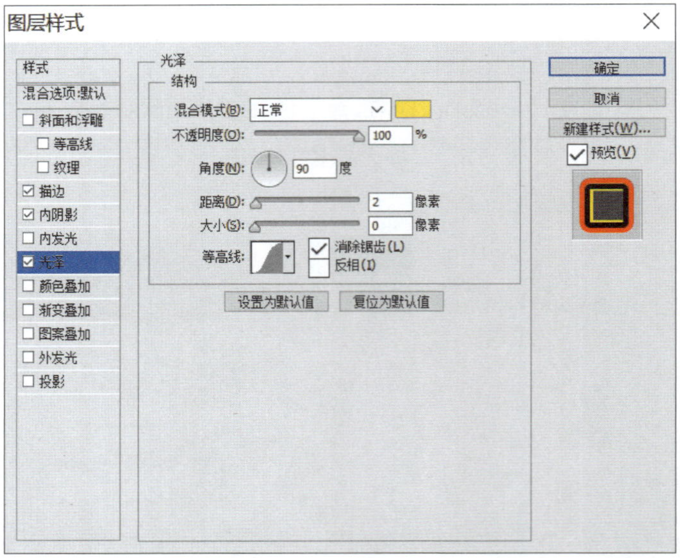

图4-40 “光泽”图层样式参数设置

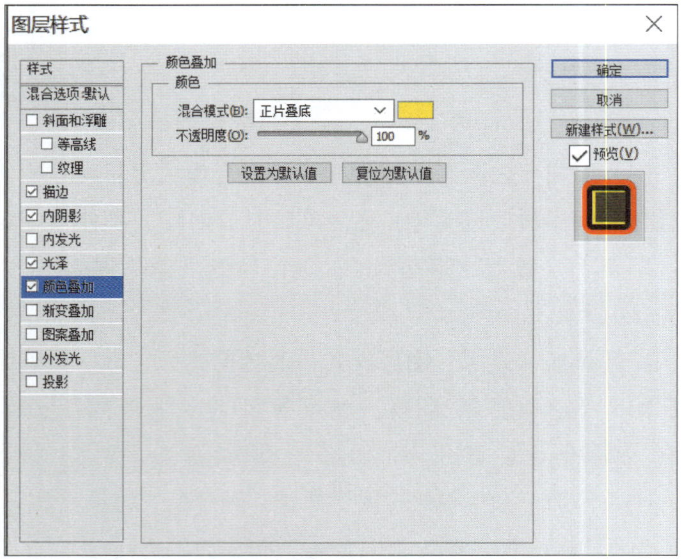

图4-41 “颜色叠加”图层样式参数设置

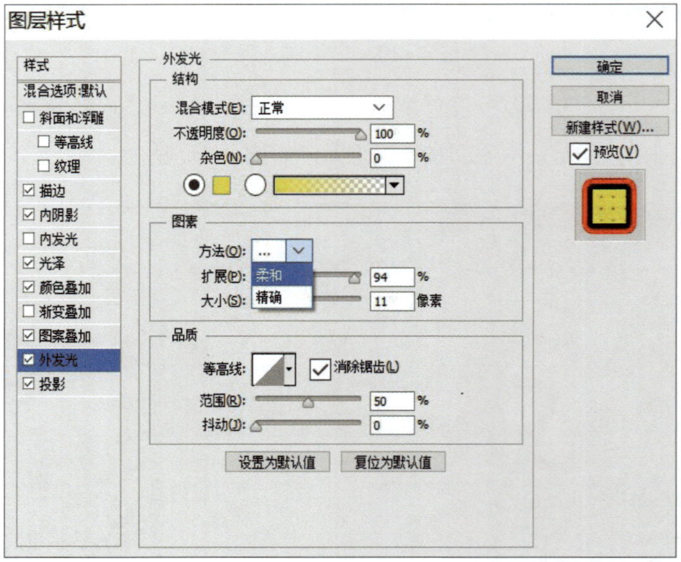

图4-42 “外发光”图层样式参数设置

（8）添加“投影”图层样式，混合模式为正片叠底，不透明度为100%，角度为120度，不使用全局光，距离为8像素，扩展为100%，大小为20像素，如图4-43所示。

调整文字的位置，卡通文字的最终效果如图4-44所示。

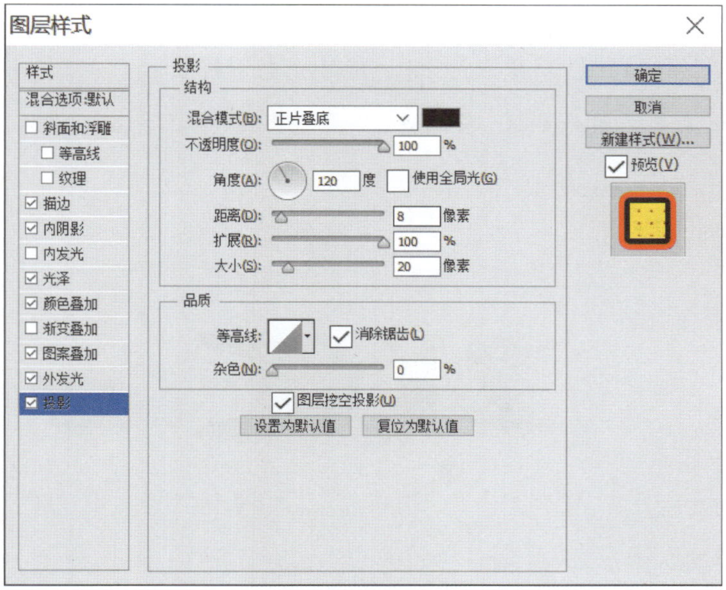

图4-43 “投影”图层样式参数设置

图4-44 卡通文字的最终效果

经验指导

可以通过文字变形来创建特殊的文字效果。例如，可以使文字的形状变为扇形或波浪状，选择的变形样式是文字图层的一个属性，可以随时更改图层的变形样式以更改文字的整体形状，变形选项可以精确控制变形的取向及透视效果。

但是，包含“仿粗体”格式设置的文字图层和使用不包含轮廓数据的字体（如位图字体）的文字图层不能变形。

拓展训练

▶制作金属质感文字

训练要求：

利用文字工具和图层样式，制作如图4-45所示文字。

步骤指导：

（1）使用文字工具输入白色文字。

（2）给文字添加“斜面和浮雕”图层样式。

图4-45 金属文字效果

（3）新建图层，收缩文字选区，填充黑色。

（4）选择黑色文字图层，添加“渐变叠加”图层样式。

（5）新建图层，调出文字选区，填充白色，添加图层蒙版，选择画笔添加效果。

（6）合并文字图层，添加图层蒙版并填充黑白线性渐变，图层不透明度为30%，制作文字倒影。

▶制作立体文字

训练要求：

利用文字工具和3D工具，制作如图4-46所示文字。

步骤指导：

（1）使用文字工具输入文字，通过右键菜单栅格化文字。

（2）右击图层，选择从所选图层建立3D模型。

（3）在“3D属性”面板中，将锥度改为0。

（4）在“材质”面板中，选择合适的材质。

（5）添加光源，选择合适的光源和参数。

图4-46　3D立体文字

模块五

绚丽多彩——Photoshop CC图像色彩调整

知识目标

熟练掌握图像调整、滤镜、图层样式等来执行多种命令，对图像进行编辑处理，并能够合理运用图层混合模式来完成所需效果。

能力目标

熟练掌握图像调整中所需滤镜命令的作用，理解图层的混合模式、图层样式、调整图层等，并能够合理使用操作命令对图像进行调整。

素质目标

初步建立通过滤镜、图像调整等命令处理图像的意识，能够运用这些命令塑造流行图片风格、工笔风格等。

重点难点

重点：Camera Raw滤镜调整技巧。
难点：穿越二次元风格效果。

参考学时

任务1 色彩活力——黑白照片着色效果	1课时
任务2 唯美校园——穿越二次元风格效果	1课时
任务3 网络流行——图像故障效果（抖音风格）	1课时
任务4 国风效果——工笔人像效果	1课时

任务1

色彩活力——黑白照片着色效果

黑白照片着色效果

任务目标：

1. 掌握图像消除杂色的方法
2. 理解柔光混合模式的意义

任务说明：

在本任务中将黑白照片复原为彩色，黑白照片往往年代久远，首先要清除杂色，然后增强黑白对比效果，最后利用画笔工具进行着色处理。

完成过程：

（1）打开黑白照片素材，执行“滤镜→杂色→减少杂色”菜单命令，此操作可以在保持图像清晰度的情况下消除图像杂色，设置如图5-1所示。

（2）增加图像层次，单击“图层”面板按钮◐，新建色阶调整图层，在“色阶”属性面板上进行设置，如图5-2所示。

图5-1 “减少杂色”对话框设置

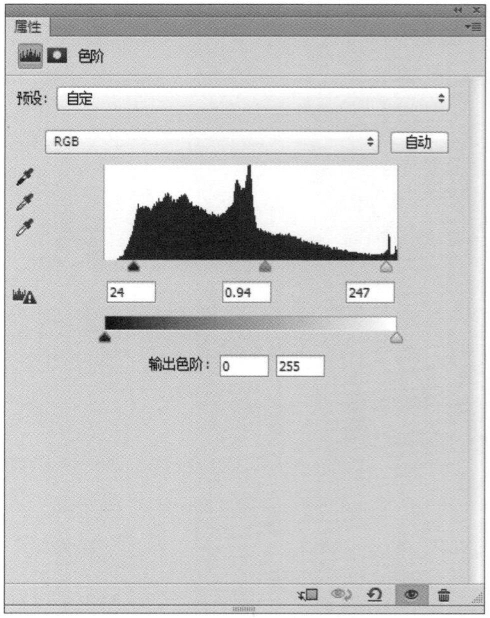

图5-2 “色阶”属性面板设置

（3）新建图层，命名为“衣服”，将图层的混合模式设置为叠加，选择画笔工具依次给牛仔外衣（色标为5173e3）、背包（色标为7c581f）填充颜色，填充后如图5-3所示。

（4）新建图层，命名为“皮肤”，将图层的混合模式设置为叠加，选择画笔工具依次给皮肤（色标为d7b2b2）、嘴唇（色标为904548）填充颜色，填充后效果如图5-4所示。

（5）新建图层，命名为“背景”，将图层的混合模式修改为柔光，添加木门颜色（色标为69472e），最终效果如图5-5所示。

图5-3　牛仔外衣、背包填充颜色后效果

图5-4　皮肤、嘴唇填充颜色后效果

图5-5　黑白照片着色最终效果

Ps

经验指导

柔光，使颜色变暗或变亮，具体变化取决于混合色（光源）。此效果与发散的聚光灯照在图像上相似。如果混合色比50%灰色亮，则图像变亮，画面颜色就像被减淡了一样。如果混合色比50%灰色暗，则图像变暗，画面颜色就像被加深了一样。使用纯黑色或纯白色上色，可以产生明显变暗或变亮的区域，但不能生成纯黑色或纯白色。

任务2

唯美校园——穿越二次元风格效果

穿越二次元风格效果

任务目标：

1. 掌握滤镜中增加画笔笔触的方法
2. 掌握Camera Raw滤镜使用技巧

任务说明：

二次元风格指的是二维动画风格，二次元风格尤以新海诚的画风为主，通过对校园场景进行艺术化的处理，达到模拟手绘效果，最后添加动画天空素材，完成二次元校园风场景。

完成过程：

（1）打开二次元素材图片，如果是用其他素材，需选择高质量图像，选择图像裁剪工具，设置裁剪比例为16：9，按回车键确定，如图5-6所示。

（2）选择“滤镜→滤镜库→艺术效果→干画笔”，设置画笔大小为0、画笔细节为10、纹理为1，如图5-7所示。

图5-6　素材裁剪

图5-7　“干画笔”面板参数设置

（3）选择“滤镜→油画”，设置画笔的描边样式为0.2、描边清洁度为3、缩放为6、硬毛刷细节为0，光照的角方向和闪亮均为0，如图5-8所示。

（4）选择“滤镜→Camera Raw滤镜”，设置曝光为+1.10、对比度为-32、高光为+48、阴影和黑色为+100、清晰度为+79、自然饱和度为+73，如图5-9所示。

（5）Camera Raw第三栏“细节”调整，将锐化的数量调整为150，蒙版参数调整为27，在调整蒙版参数时按下“Alt”键，黑白轮廓对比最明显时数值最佳，如图5-10所示。

（6）继续调整图像，在第四栏“HSL/灰度”的“色相”、“饱和度”和“明亮度”选项卡中增加绿色数值，使画面更加鲜艳，如图5-11所示。

图5-8 “油画”面板参数设置

图5-9 “Camera Raw”基本面板参数设置

图5-10 “Camera Raw”细节面板参数设置

图5-11 “Camera Raw”HSL/灰度面板参数设置

（7）双击素材图层进行解锁，使用魔棒工具选取背景天空并删除，导入二次元云朵素材并置于底层，如图5-12所示。

（8）选择“滤镜→渲染→镜头光晕”，设置为50~300毫米变焦，增加画面的光感，最终效果如图5-13所示。

图5-12　添加二次元云朵素材后的效果

图5-13　二次元风格场景最终效果

经验指导

直方图是图像中每个明亮度值的像素数量表示形式。如果直方图中的每个明亮度值都不为零，则表示图像利用了完整的色调范围。没有使用完整色调范围的直方图对应于缺少对比度的昏暗图像。左侧出现峰值的直方图表示阴影修剪，右侧出现峰值的直方图表示高光修剪。

直方图由三层颜色组成，它们分别表示红色、绿色和蓝色通道。当三个通道重叠时，将显示白色。当两个通道重叠时，将显示黄色、洋红或青色（红色+绿色通道显示黄色；红色+蓝色通道显示洋红；绿色+蓝色通道显示青色）。

任务3

网络流行——图像故障效果（抖音风格）

图像故障效果

任务目标：

1. 掌握通过关闭红色通道模拟图像故障的方法
2. 掌握盖印图像的使用方法

任务说明：

图像故障原为图像保存过程中软件或硬件损坏，导致图像色彩产生偏差，在网络时代以抖音为主要的短视频平台将此效果推成主流，通过红、蓝图层的叠加效果，关闭红色通道，图像位置偏移等，模拟出当下流行的图像故障效果。

完成过程：

（1）打开图像故障素材，新建一空白图层，选择渐变工具填充红蓝渐变，蓝色色标为3018dc，红色色标为d91412，如图5-14所示。

（2）将图层1混合模式修改为叠加，然后盖印当前图像，盖印快捷键为“Ctrl+Shift+Alt+E”，盖印后生成图层2，如图5-15所示。

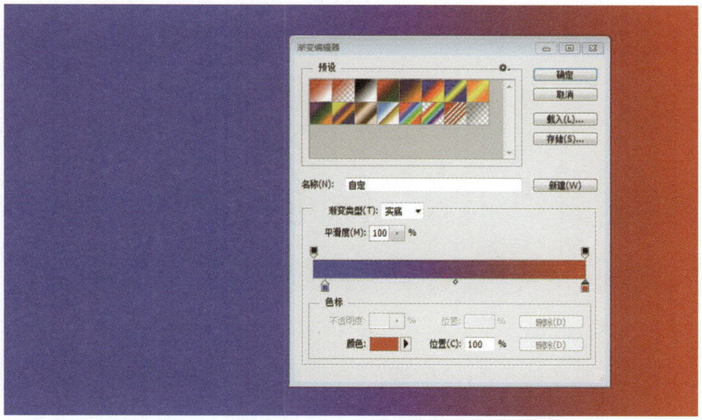

图5-14　红蓝渐变填充样式

图5-15　盖印图像后效果

（3）复制图层2得到图层2拷贝，给图层2拷贝添加图层样式，取消红色通道勾选，如图5-16所示。

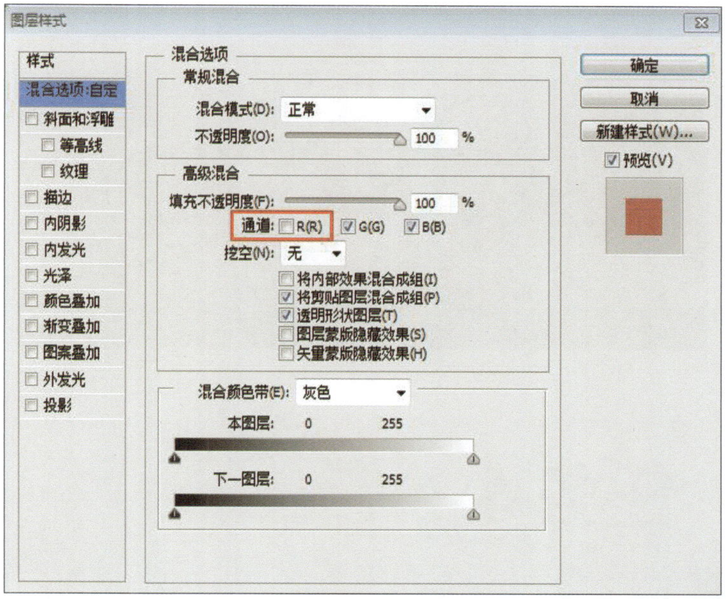

图5-16　图层样式参数设置

（4）选中图层2拷贝，执行自由变换（快捷键“Ctrl+T”）命令，通过键盘上的方向键向左移动8个像素，按回车键得到图像偏移效果，如图5-17所示。

图5-17　图像偏移效果

（5）为进一步增强图像故障效果，执行“滤镜→风格化→风”命令，方法为“风”，方向为“从右”，得到图像故障最终效果，如图5-18所示，如果要加强风的效果，可以按快捷键“Ctrl+F”。

图5-18　图像故障最终效果

经验指导

盖印图像：在最终确定了图层的内容后，可以合并图层以缩小图像文件的大小。在存储合并的文档后，将不能恢复到未合并时的状态；图层的合并是永久行为。若不想合并图层，可通过盖印图像将多个图层的内容合并为一个目标图层，同时使其他图层保持完好。

任务4

国风效果——工笔人像效果

工笔人像效果

任务目标：

1. 掌握使用“纹理”对话框增加纹理的方法
2. 掌握滤色和柔光模式的意义

任务说明：

工笔风格的图像处理近年来较为流行，首先是要模仿绢本设色的效果，然后用纹理命令添加布面纹理，最后通过图像调色达到最终的工笔风格效果。

完成过程：

（1）打开国画工笔人像素材，新建图层并填充颜色RGB（157，137，105），再将图层混合模式改为正片叠底，效果如图5-19所示。

（2）现在整个图像色调偏暗，复制图层1得到图层1拷贝2，如图5-20所示，将混合模式改为滤色，图层的不透明度改为33%。

（3）给图像增加布面纹理，给图层1拷贝2添加图层样式“斜面和浮雕”，勾选“纹理”，在“纹理”栏中图案选择缎面织物，缩放为45%、深度为+110%，如图5-21所示。

（4）继续调亮画面，新建可选颜色调整图层，数值不做任何更改，将图层混合模式改为柔光，复制当前调整图层，将不透明度降至45%，如图5-22所示。

（5）单击背景图层，增加一个色相/饱和度调整图层，将饱和度设置为-50，使得整个画面更符合工笔风格色调，如图5-23所示。

（6）导入工笔画框素材，进行最终的调整，效果如图5-24所示。

图5-19　图像添加复古色彩效果

图5-20　图像调色后效果

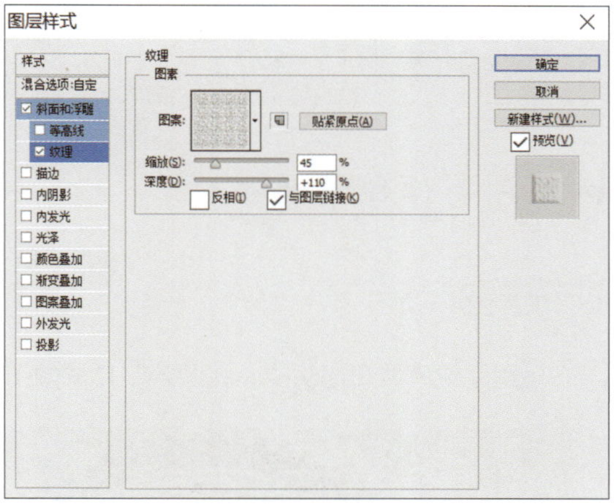

图5-21　“纹理”对话框参数设置

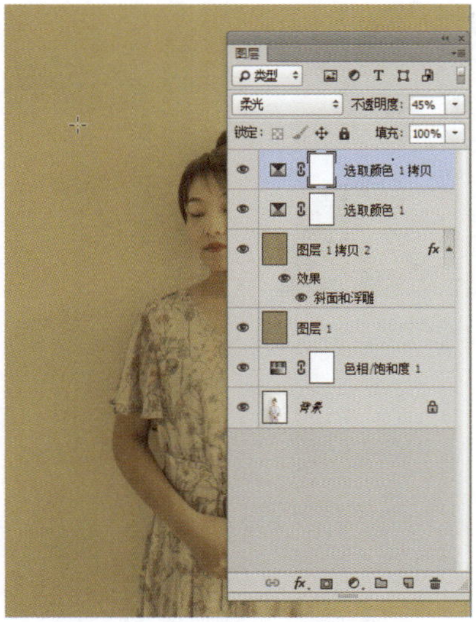

图5-22　图像调亮后效果

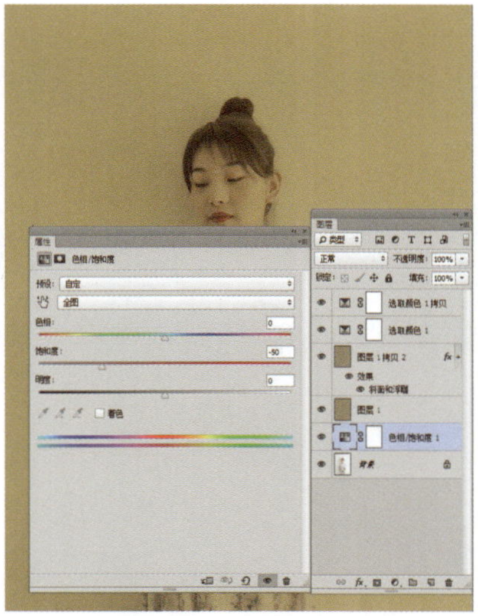

图5-23　工笔色调最终调整效果

图5-24　工笔人像最终效果

经验指导

滤色，查看每个通道的颜色信息，并将混合色的互补色与基色进行正片叠底。结果色总是较亮的颜色，用黑色过滤时颜色保持不变，用白色过滤将产生白色，此效果类似于多个幻灯片在彼此之上投影。

拓展训练

▶照片制作印章效果

训练要求：

运用滤镜库的影印功能，将照片制作成如图5-25所示效果。

图5-25　印章效果的照片

步骤指导：

（1）载入照片，用椭圆选框工具裁剪照片为正圆形。

（2）将前景色设置为黑色，背景色设置为白色，选择“滤镜→滤镜库→素描→影印”菜单命令。

（3）给当前图层添加图层样式，在“图层样式”对话框底部有一个“混合颜色带”区域，其中有两个色带，移动“本图层”色带的滑动色标可以隐藏白色，把白色色标向左端移动，使数值从255变为105即可。

（4）自定义图形工具制作印章的外圈。

（5）给当前图层添加图层蒙版，选择画笔工具实现斑驳的效果。

▶照片转换为素描效果

训练要求：

运用滤镜和图层蒙版，将照片制作成如图5-26所示效果。

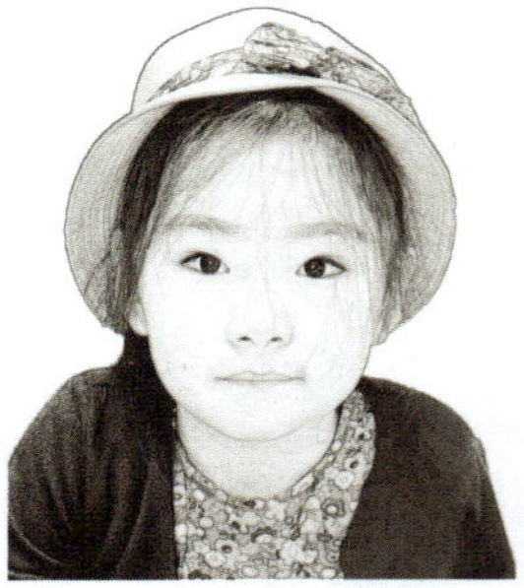

图5-26　素描风格照片效果

步骤指导：

（1）导入照片进行去色，复制图层并进行反相。

（2）选择“滤镜→其他→最小值”菜单命令，增加图像线条。

（3）添加图层样式，“混合颜色带”选择“灰色”，按住“Alt”键，用鼠标拖动“下一图层”色带的深色色标右半部分到合适位置。

（4）给新建的图层蒙版添加滤镜，选择“滤镜→杂色→添加杂色”菜单命令。

（5）选择“滤镜→模糊→动感模糊”菜单命令，素描效果就出来了。

模块六

动图设计——Photoshop CC动画创意

知识目标

掌握“动作”面板和“时间轴”面板技巧，“动作”面板的使用可以快速地实现效果，尤其是在处理TGA序列图片时，能大大减少工作量；通过“时间轴”面板的学习和掌握，能够制作一些网站上和其他媒体平台上运用的GIF动画，丰富视觉效果。

能力目标

能够运用Photoshop CC制作GIF动画，并发布到互联网上。可以对需要批量化处理的文件，制作所需要的动作命令，提高工作效率。

素质目标

初步建立运用软件制作GIF动态图片的设计意识，并能够结合动态图片诠释中华优秀传统文化。

重点难点

重点：动作和批处理设置。

难点：连贯艺术——GIF动画实例。

参考学时

任务1 记忆动画——“动作”面板解析	1课时
任务2 连贯艺术——动态三字经灯展	2课时
任务3 传统古风——檀木扇子制作	2课时
任务4 视觉感知——动态海报设计	2课时

任务1

记忆动画——“动作”面板解析

“动作”面板解析

任务目标：

1. 掌握“动作”面板的新建、存储动作方法
2. 掌握批处理功能的应用

任务说明：

Photoshop中的“动作”是用一个动作代替了许多操作步骤，使执行任务自动化，这为用户的图像处理操作带来很多方便。同时用户还可以通过记录并保存一系列的操作来创建和使用动作，以方便日后直接从“动作”面板中调出运用。批量转换格式就是先将转换一个图片格式的过程利用“动作”面板记录下来，然后利用其批处理功能简化操作。

完成过程：

1.“动作”面板

要显示Photoshop“动作”面板的全部功能，需单击“动作”面板右上角的展开按钮。“动作”面板有默认动作，也可以新建动作，右上角三角形标志展开后是面板选项菜单，面板下方按钮从左至右依次为停止、记录、播放、创建新组、创建新动作、删除。如图6-1所示。

运行Photoshop，执行“窗口→动作”命令，调出“动作”面板，也可以通过快捷键“Alt+F9”调出“动作”面板。动作组：类似文件夹，用来组织一个或多个动作。动作：一般会起比较容易记忆的名字，单击名字左侧的小三角形可展开该动作。动作步骤：动作中每一个单独的操作步骤，展开后会出现相应的参数细节。复选标记：黑色对勾代表该组、动作或步骤可用，而红色对勾代表其不可用。动画模式控制图标：如为黑色，那么在每个启动的对话框或者对应的按回车键选择的步骤中都包括一个暂停；如为红色，代表这里至少有一个暂停等待输入的步骤。面板选项菜单：包含与动作相关

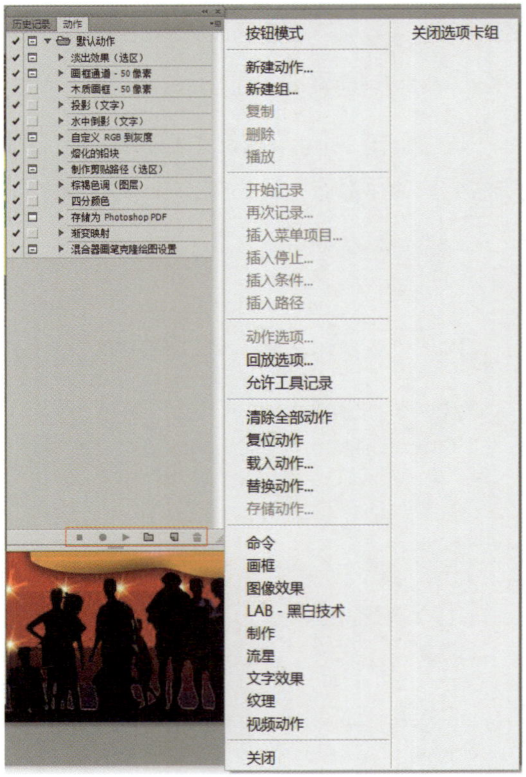

图6-1 “动作”面板的全部功能

的多个菜单项，提供更丰富的设置内容。停止：单击后停止记录或停止播放。记录：单击即可开始记录，红色凹陷状态表示记录正在进行中。播放：单击即可运行选中的动作。创建新组：单击创建一个新组，用来组织单个或多个动作。创建新动作：单击创建一个新动作的名称、快捷键等，并且同样具有录制功能。删除：删除一个或多个动作或动作组。

如从面板的选项菜单中选择“按钮模式”，可将每个动作以按钮状态显示，这样可以在有限的空间中列出更多的动作，以简单明了的方式呈现，再次执行刚才的操作可取消“按钮模式”显示。如图6-2所示。

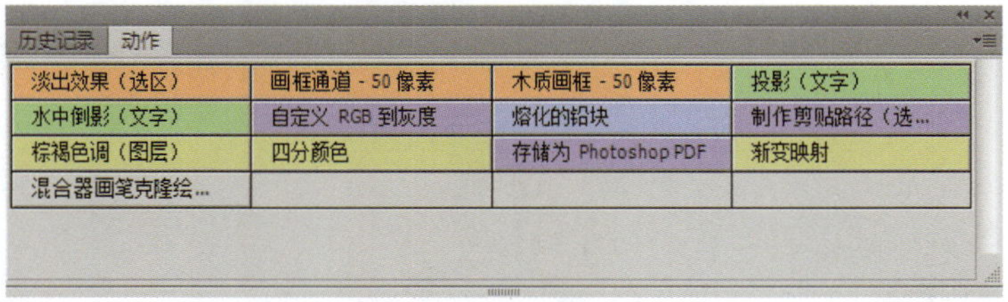

图6-2　“动作”面板按钮模式

回放选项含有执行动作的三种方式。加速：正常执行，用户看不到每一步操作的结果。逐步：Photoshop将显示每一步操作的结果。暂停：可以设定每个步骤之间的间隔时间。如图6-3所示。

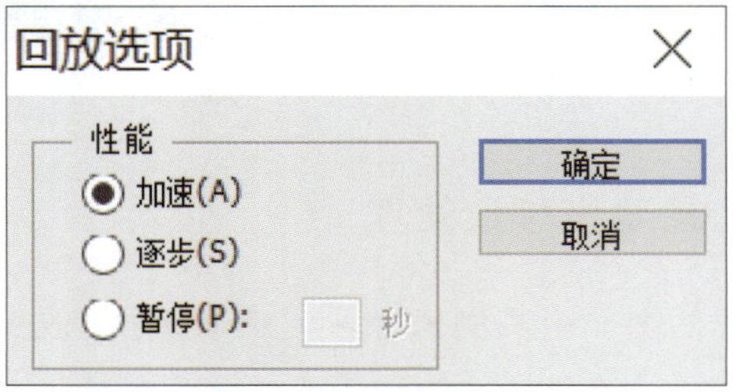

图6-3　“动作”面板中的回放选项

2. 存储和安装动作

存储动作：如果需要重装Photoshop后动作依然存在，那就需要备份动作。Photoshop CC的动作默认存储路径：Adobe_Photoshop_CC_（64_Bit）\Adobe Photoshop CC（64 Bit）\Presets\Actions。如图6-4所示。

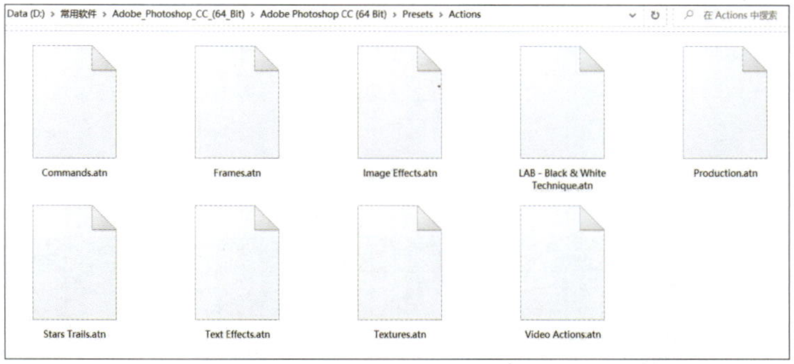

图6-4　计算机中“动作”命令存储位置

安装动作库：首先打开“动作”面板右边的下拉菜单，找到“载入动作”命令。如图6-5所示。

找到预先准备的动作命令，如果没有，可以从网上下载动作库，动作命令文件为atn格式。下面的案例使用“反转（正片）负冲”动作，选择要载入的动作文件，如图6-6所示。

单击“载入”按钮，就可以在“动作”面板看到刚刚载入的动作，如图6-7所示。

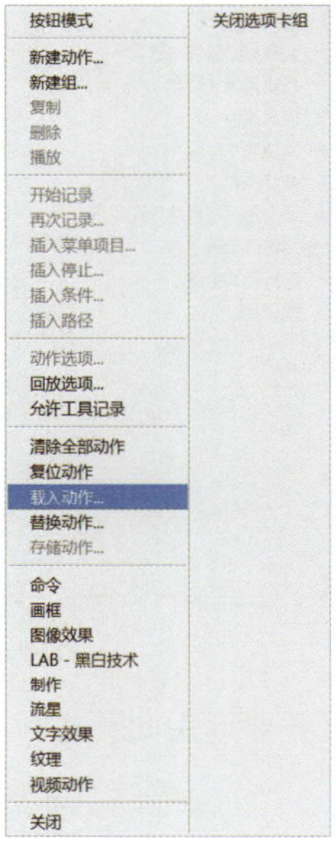

图6-5　“动作”面板下的“载入动作”命令

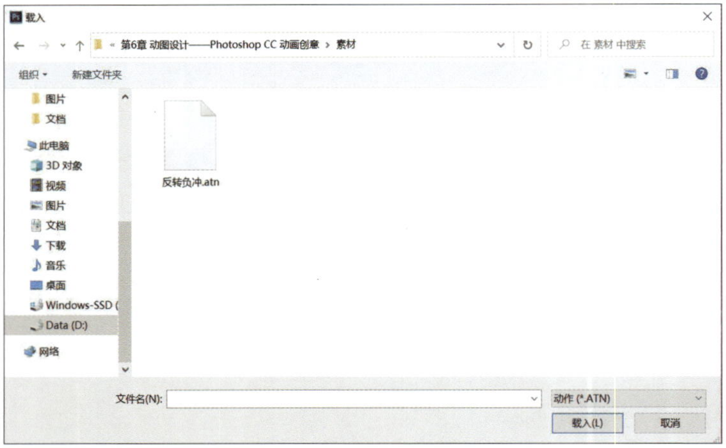

图6-6　选择载入“反转负冲”动作

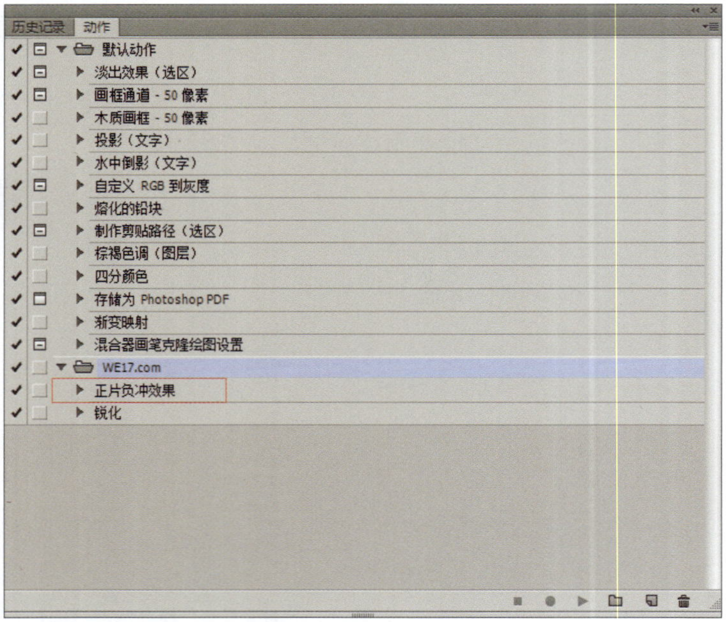

图6-7　“动作”面板中的反转负冲动作

打开要运用此动作命令的图片，然后选择动作，如图6-8所示。

单击“动作”面板下方的播放按钮，就可以自动执行此命令，效果如图6-9所示。

图6-8　选择图片添加正片负冲效果

图6-9　执行命令后的效果

3. 记录动作与批处理

下面我们用一个实例来练习记录动作和批处理功能。我们出去拍摄了一组照片，每张照片都需要顺时针旋转90度才可得到正视图，另外光线不是很好，需要补充整体光感和对比度。如果每张照片都手动调节会费时费力，现在我们用

“动作”面板和“批处理”对话框来完成。

打开其中一张照片，打开“动作”面板，创建新动作，单击“记录”按钮（之后每做一步都会被记录下来）。如图6-10所示。

记录命令完成之后，单击停止按钮，“动作”面板就记录了刚才的操作步骤。如图6-11所示。

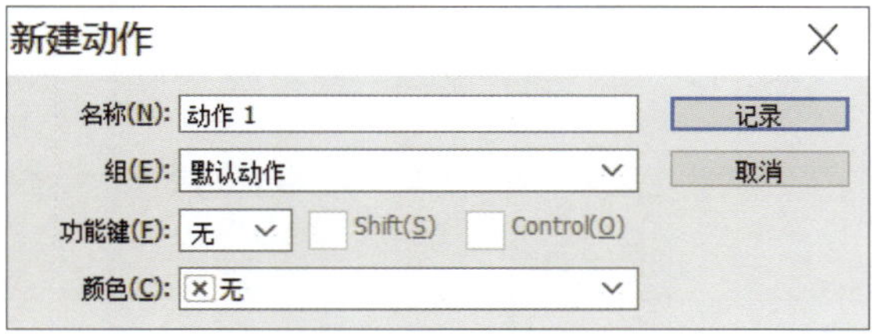

图6-10 “新建动作”对话框

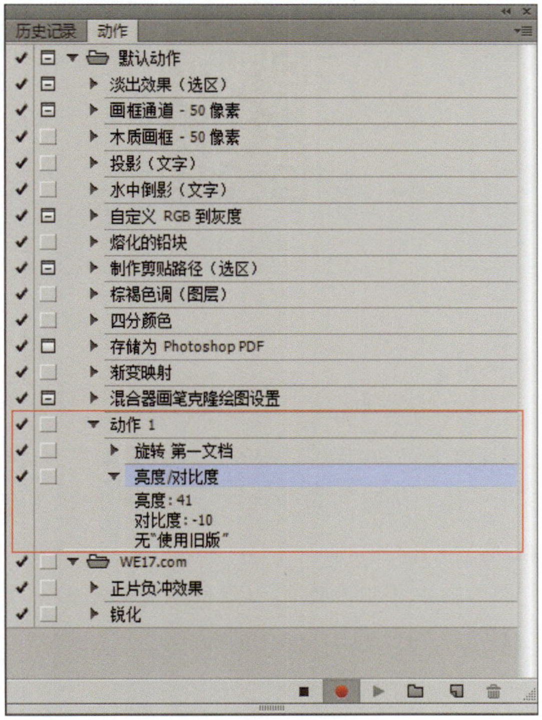

图6-11 动作记录

展开前面的三角形标志会显示刚才动作的详细信息，假如刚才记录动作过程中误操作了，可以取消前面的勾选，动作播放时就不会体现错误动作。下面可以进行批处理了，单击“文件→自动→批处理”菜单命令。如图6-12所示。

打开“批处理”对话框，如果“动作”面板上只有一个组、一个动作，播放选项就不需要更改，若是较多可根据自己需要选取。“目标”为要批处理的文件路径，下面的选项根据自己的需要勾选，设置完成后单击“确定”按钮，批处理就开始按照刚才的设定工作了。如图6-13所示。

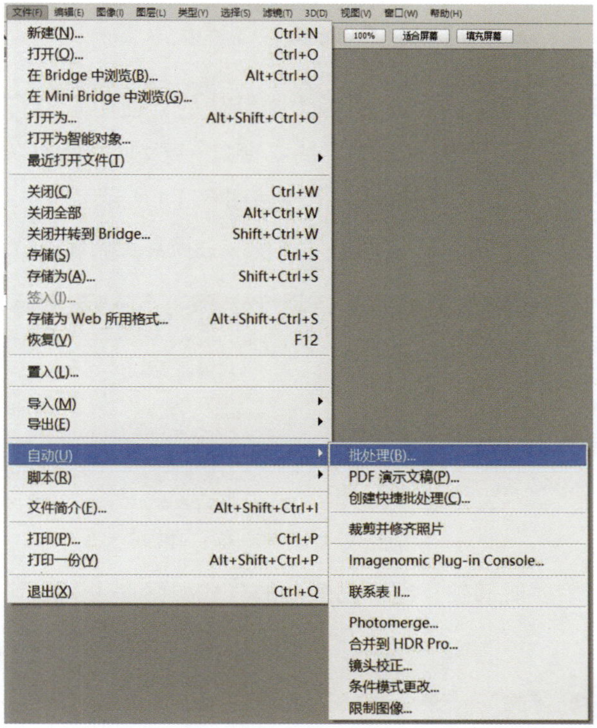

图6-12 “文件”菜单下的“批处理”命令

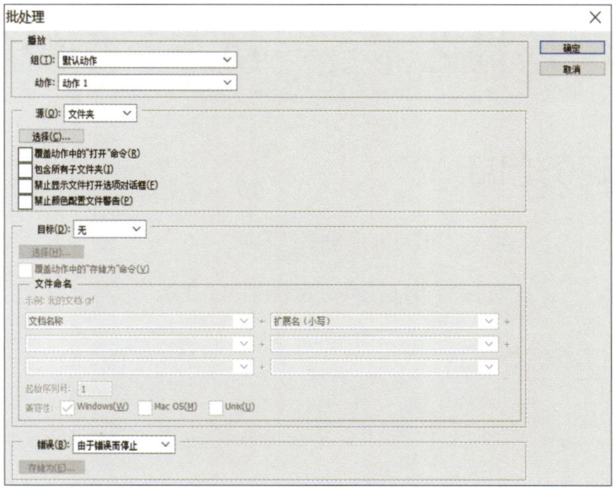

图6-13 “批处理”对话框设置

4.“时间轴”面板

新建一个文档，因为在默认的界面中是没有“时间轴”面板的。需要在菜单栏的“窗口”菜单中找到“时间轴”命令，单击“时间轴”，出现如图6-14所示面板，单击“创建视频时间轴”，“时间轴”面板才会被真正创建。

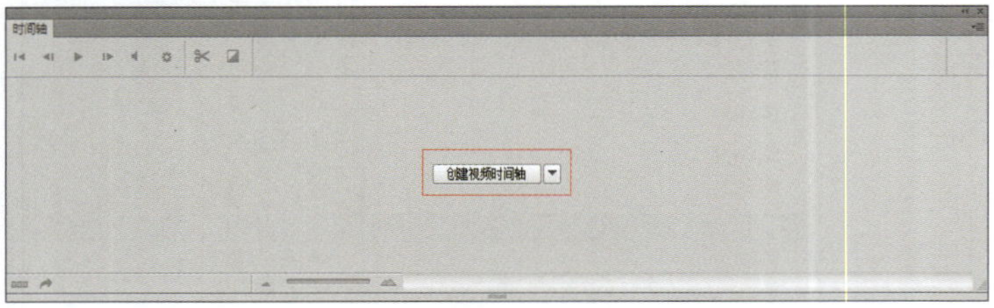

图6-14 “时间轴”面板的创建

“时间轴”面板创建后的样式如图6-15所示，红框内为工具栏，工具栏下方为素材窗口，如果用过Adobe后期软件你会发现和后期剪辑软件非常相似，如果不太习惯这种操作界面，可以单击左下角的按钮，切换到传统样式，如图6-16所示。

图6-15 “时间轴”面板样式

图6-16 “时间轴”面板传统样式

任务2

连贯艺术——动态三字经灯展

动态三字经灯展

任务目标:

1. 掌握GIF动画制作原理
2. 掌握导出GIF动态图片的方法

任务说明:

制作动画不是Photoshop新版本才出现的功能，在早期版本中动画在自带软件ImageReady中，我们看到的很多GIF动画和QQ表情都出自Photoshop。我们先来看看怎样单独使用Photoshop制作GIF动画，一起制作一个三字经灯展动画。

完成过程:

（1）首先按照要求制作三字经灯展模板，效果如图6-17所示。经过前面几个模块的学习可完成基础模板的制作，我们现在开始制作三字经的闪光。

（2）复制三字经闪光字体的图层，要是闪光的颜色多一些，就需要多复制几层。如图6-18所示。

图6-17 传统文化三字经灯展效果

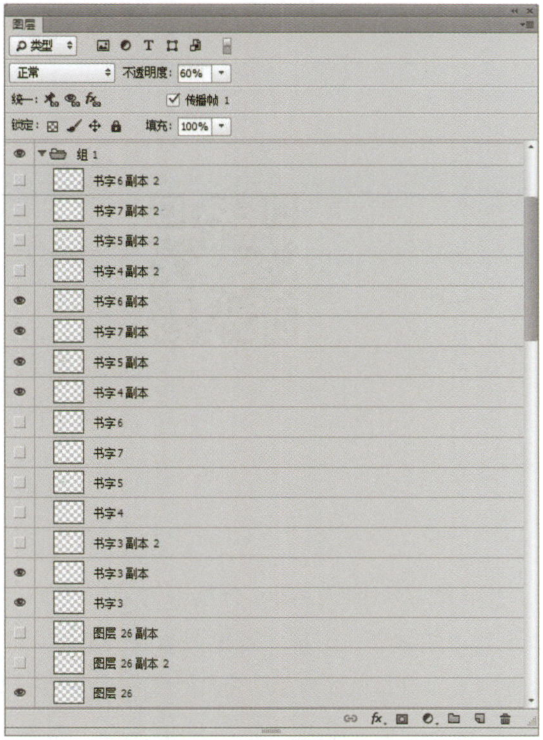

图6-18 三字经灯展文字图层的复制

（3）案例制作的是三色闪光，所以分别复制三个图层副本，打开“时间轴”面板（在早期的软件版本中叫作“动画”面板），如图6-19所示。

图6-19 “时间轴”面板图像排列

（4）图6-19中“时间轴”面板左下角从左至右分别为：转换为视频时间轴按钮，转换完毕后如图6-20所示，如果你使用过视频编辑软件，那么对这个界面应该是很熟悉的；循环播放次数按钮，选项为“一次”、“3次”、“永远”和“其他”；中间选框条为播放控制区，有4个按钮，分别为转到第一帧、转到上一帧、播放、转到下一帧按钮；后面按钮为过渡动画帧、复制所选帧和删除所选帧按钮。

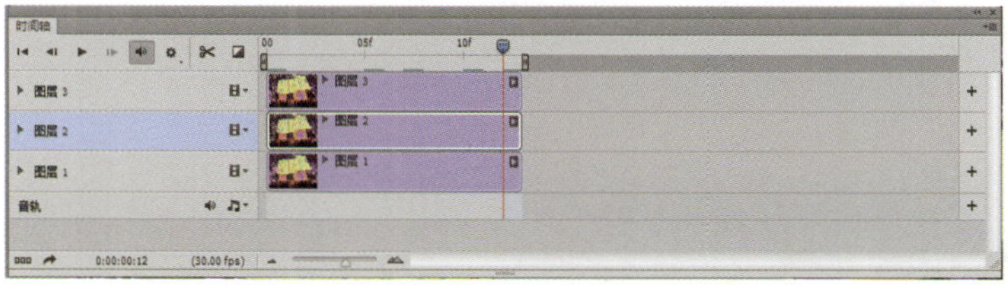

图6-20 “时间轴”面板转换视图后的显示

（5）现在时间轴上根据需要复制了三帧画面，单击第一帧，把初始画面的图层预览按钮打开，关闭不需要的图层预览，如图6-21所示。

（6）单击时间轴第二帧，选中“图层”面板中书字3、4、5、6、7副本图层，分别执行色相/饱和度命令，更改其色相使其颜色发生变化；关闭书字3、4、5、6、7图层预览，开启书字3、4、5、6、7副本图层预览；然后单击时间轴第三帧，选中“图层”面板中书字3、4、5、6、7副本2图层，分别执行色相/饱和度命令，使其

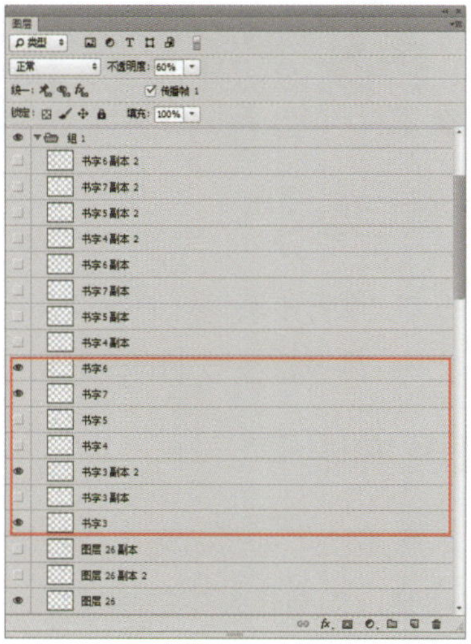

图6-21 “图层”面板预览开启示意图1

颜色发生变化，接着关闭书字3、4、5、6、7及其副本的图层预览，执行完毕后，单击时间轴播放按钮观看效果。如图6-22所示。

（7）输出GIF动画，你会发现“存储”和“存储为”选项中没有GIF格式，选择“存储为Web所用格式”。根据使用需求选择合适的大小进行输出，如图6-23所示。

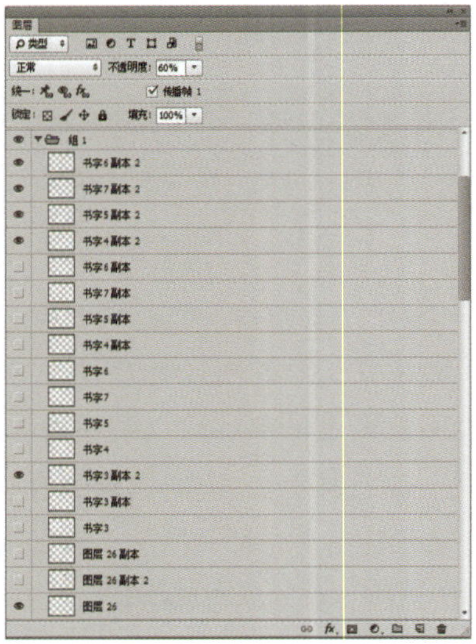

图6-22 “图层”面板预览开启示意图2

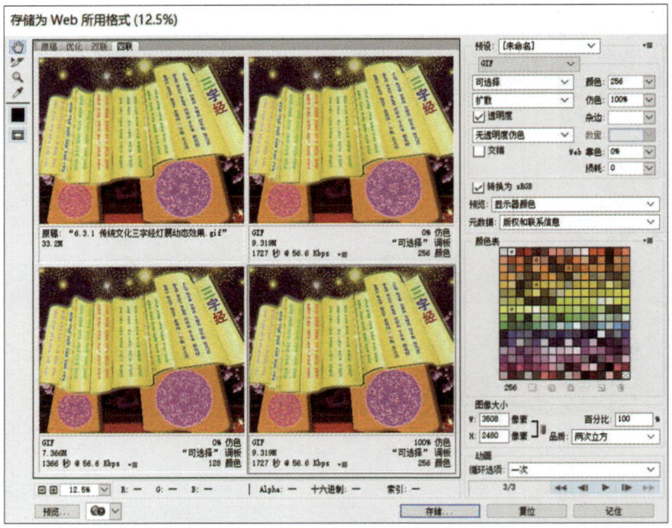

图6-23 “存储为Web所用格式”对话框设置

任务3

传统古风——檀木扇子制作

檀木扇子制作

任务目标：

1. 理解木制纹理的制作
2. 掌握新建动作的应用

任务说明：

新建动作可以加速图像处理进程，本任务通过滤镜和图像调整，先制作檀木的木纹，再运用自定义形状工具，制作檀木扇子花纹，接着使用新建动作复制檀木扇子扇叶，最后得到传统檀木扇子。

完成过程：

（1）新建1 000像素×800像素、分辨率为200像素/英寸的文档，首先制作木纹纹理，选择“滤镜→杂色→添加杂色”菜单命令，数量为47%，分布方式为平均分布，如图6-24所示。

（2）选择“滤镜→模糊→动感模糊”菜单命令，角度为90度，距离为999像素，按快捷键“Ctrl+F”多次执行，如图6-25所示。

（3）选择“图像→调整→变化”菜单命令，选择中间调，如图6-26所示，加深黄色和红色，增加木纹感觉。

（4）使用矩形选框工具，选择“选择→变换选区”菜单命令，将选区下部进行收缩，如图6-27所示。

（5）按回车键确定选区形状，通过快捷键“Ctrl+J”复制选区，新建图层并填充黑色，隐藏之前的木纹图层，如图6-28所示。

（6）选择工具栏自定义形状工具，模式为“路径”，自由

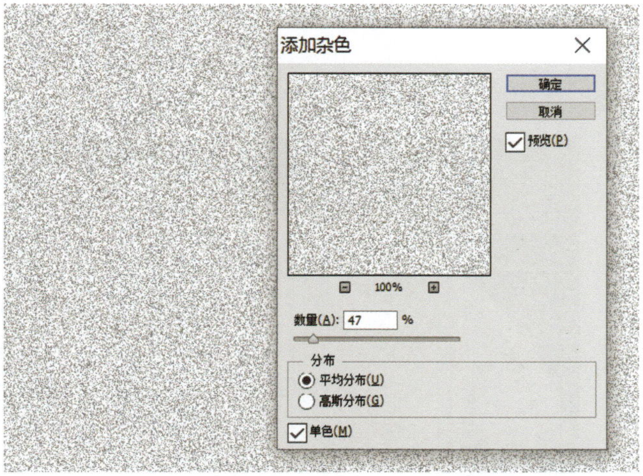

图6-24 “添加杂色”对话框参数设置

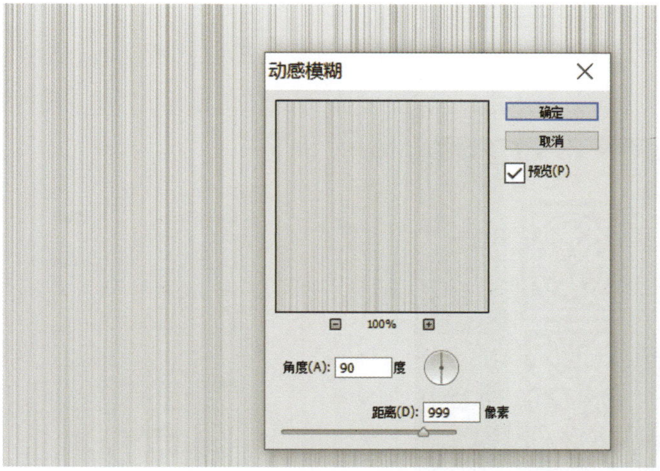

图6-25 “动感模糊”对话框参数设置

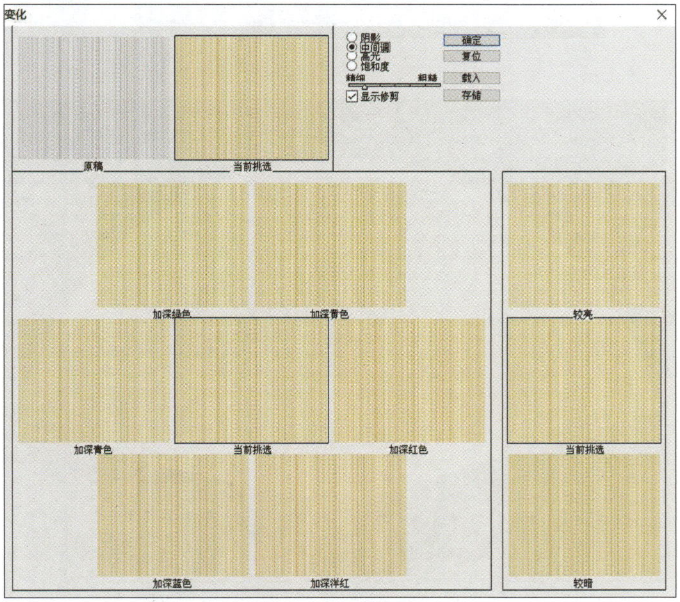

图6-26 增加木纹设置

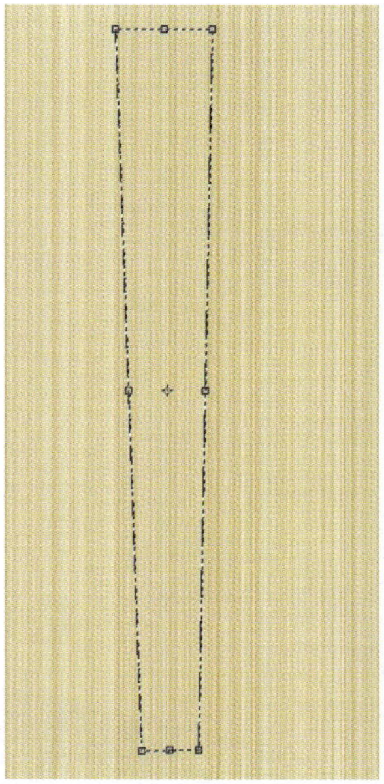

图6-27 调整选区

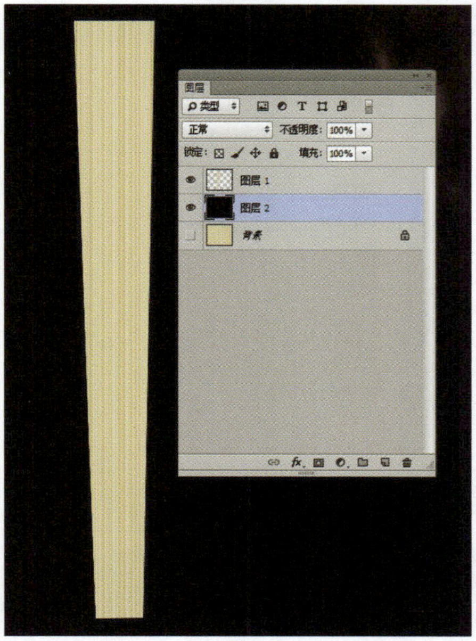

图6-28 新建图层后效果

搭配古典纹样进行装饰，然后通过快捷键“Ctrl+Enter”将路径转换为选区，按“Delete”键删除，如图6-29所示。

（7）选择当前图层，添加“投影”图层样式，混合模式为正片叠底，不透明度为64%，角度为120度，距离为2像素，大小为6像素，如图6-30所示。

（8）选择“窗口→动作”菜单命令，新建动作，将刚才的扇叶进行复制，然后旋转4度，停止动作，接下来进行动作的播放，如图6-31所示。

（9）新建图层，选择椭圆选框工具绘制圆形，设置渐变编辑器，如图6-32所示，然后单击工具栏的“径向渐变”按钮。

（10）导入素材流苏，调整到合适位置和大小，得到檀木扇子最终效果，如图6-33所示。

图6-29　删除选区后效果

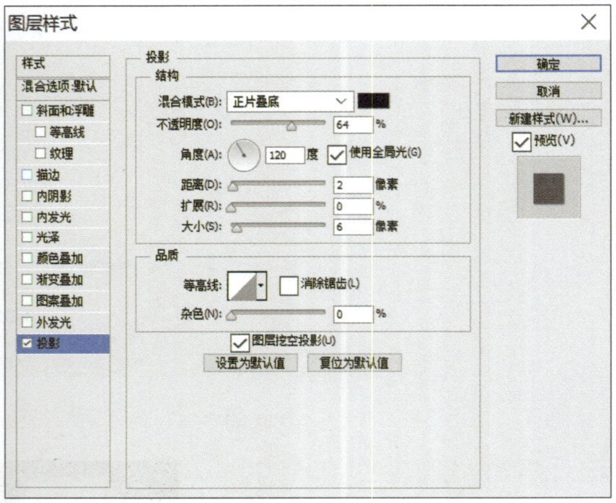

图6-30　“投影”图层样式参数设置

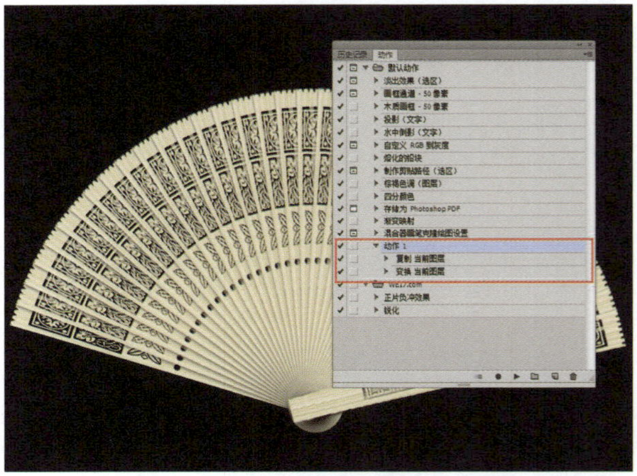

图6-31　“动作”面板参数设置

图6-32　金属扣渐变参数设置

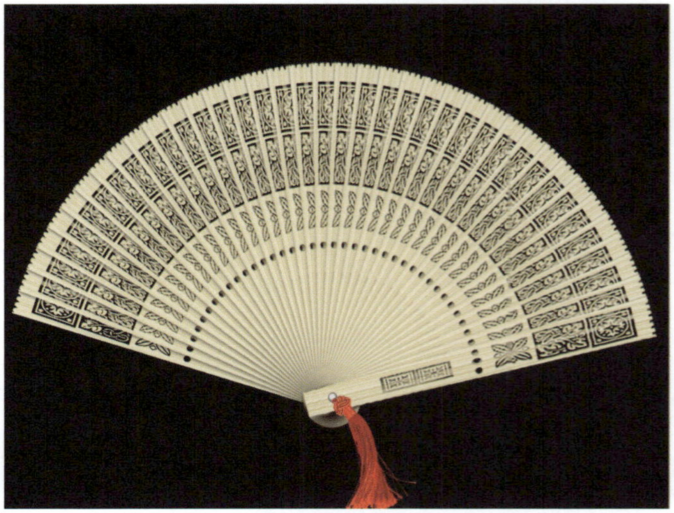

图6-33　檀木扇子的最终效果

任务4

视觉感知——动态海报设计

动态海报设计

任务目标：

1. 理解动态海报中的视觉运动
2. 理解动态海报的合理性

任务说明：

新媒体的快速发展，使得媒介传播呈现传统媒体与新媒体并存的融媒体时代态势，静态海报不能完整地呈现情节和影像美学，动态海报已逐渐成为新媒体端的标配。动态海报可以是从视频中抽取一段画面转换为GIF动画，也可以是由平面或者矢量软件等制作出来的，下面用Photoshop制作一张动态海报。

完成过程：

（1）打开动态海报设计PSD文件，先制作运动素材，将天空图层进行复制，选择天空拷贝图层进行自由变换（快捷键“Ctrl+T”），选择向上移动5像素，按回车键取消自由变换，如图6-34所示。

图6-34　运动素材

（2）复制天空拷贝图层，选择天空拷贝2图层执行自由变换，向上移动5像素，重复以上步骤，得到天空拷贝3图层，如图6-35所示。

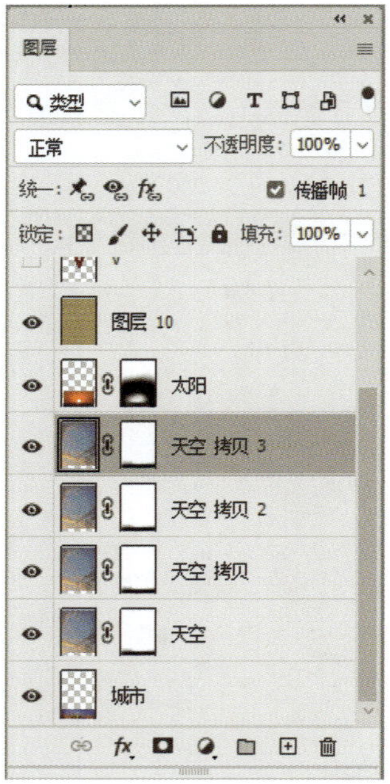

图6-35　天空运动素材（最终）

（3）制作太阳的运动素材，复制太阳图层，将太阳拷贝图层不透明度调整到46%，再次复制太阳拷贝图层，得到太阳拷贝2图层，不透明度调整到65%，重复以上步骤得到太阳拷贝3图层，将不透明度调整到100%，自由变换放大太阳拷贝3图层，如图6-36所示。

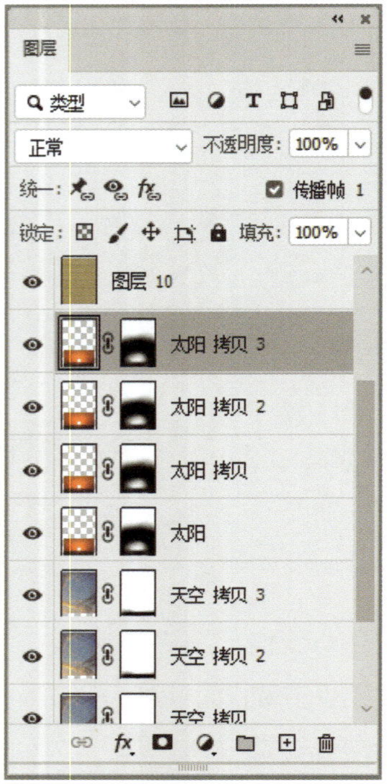

图6-36　太阳运动素材（最终）

（4）从“窗口”菜单中选择“时间轴”命令，创建传统时间轴，在第一关键帧将天空运动素材的拷贝图层预览关闭，太阳运动素材的拷贝图层预览关闭，如图6-37所示。

（5）创建第二关键帧，关闭太阳、天空图层预览，开启太阳拷贝、天空拷贝图层预览，如图6-38所示。

（6）创建第三、第四关键帧，重复以上步骤，第四关键帧设置如图6-39所示。

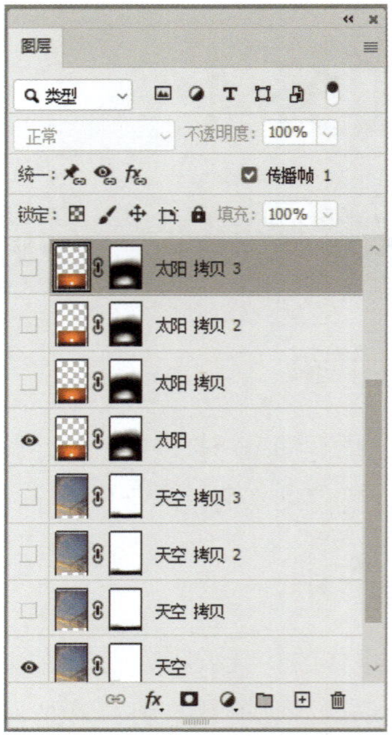

图6-37　第一关键帧设置

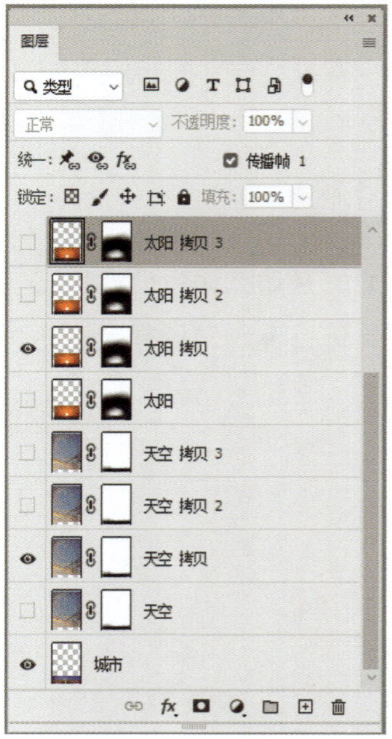

图6-38　第二关键帧设置

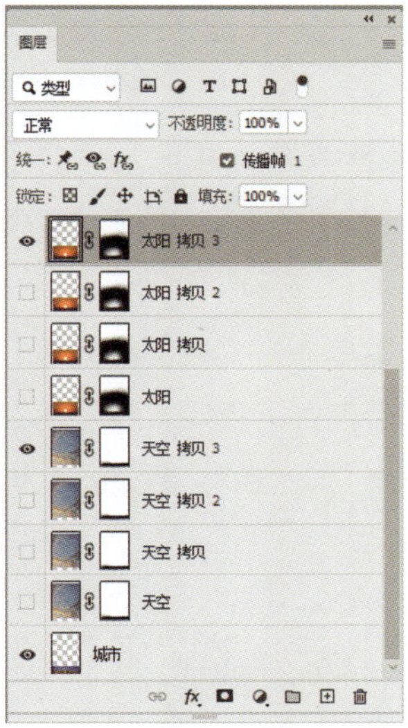

图6-39 第四关键帧设置

（7）创建第五关键帧，将V图层预览开启，创建第六关键帧，开启两个文字图层预览，如图6-40所示。

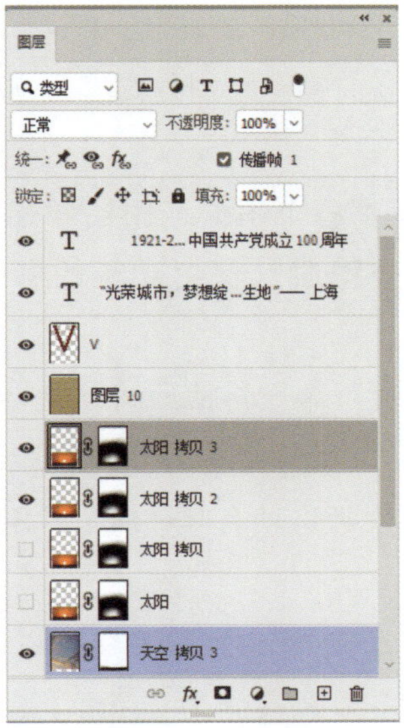

图6-40 第六关键帧设置

（8）在“时间轴”面板将前五帧时间数值改为0.2，然后将文件存储为Web所用格式，如图6-41所示。

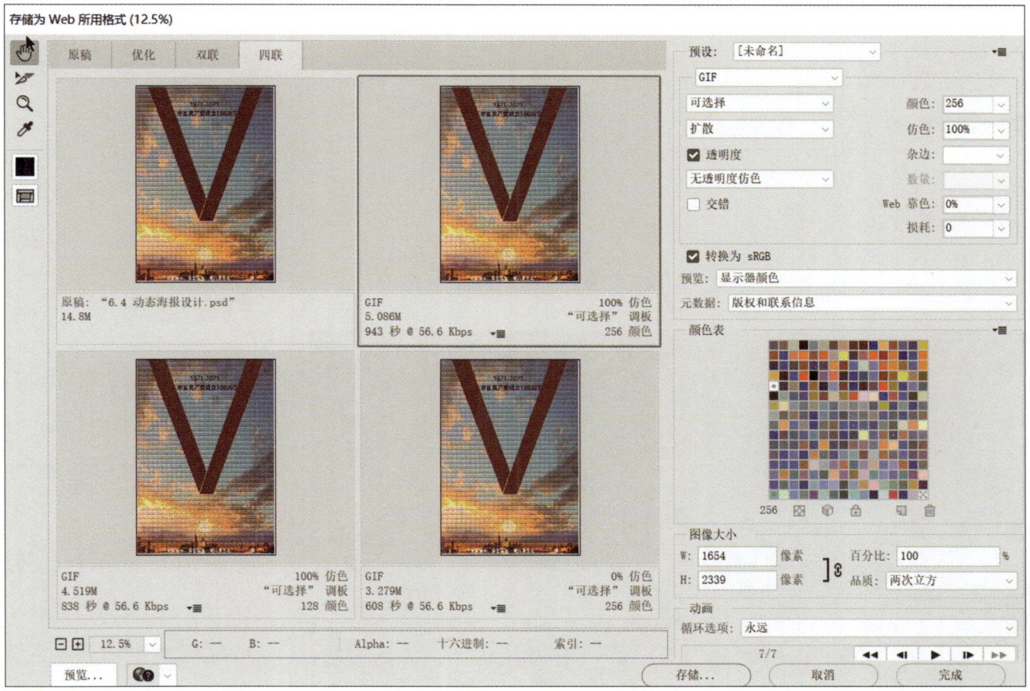

图6-41 存储为Web所用格式

经验指导

以时间轴模式工作时，可以指定包含视频或动画的文档的持续时间或帧速率。持续时间是指剪辑视频的整体时长（从指定的第一帧到最后一帧）。帧速率或每秒的帧数（fps）通常由生成文件的输出类型决定：NTSC视频的帧速率为29.97 fps；PAL视频的帧速率为25 fps；而电影胶片的帧速率为24 fps。根据广播系统的不同，DVD视频的帧速率可以与NTSC视频或PAL视频的帧速率相同，也可以为23.976 fps。通常，用于CD-ROM或Web的视频的帧速率在10 fps到15 fps之间。

在创建新文档时，默认的时间轴持续时间为10 s。帧速率取决于选定的文档预设。对于非视频预设（如国际标准纸张），默认帧速率为30 fps。对于视频预设，帧速率为25 fps（针对PAL视频）和29.97 fps（针对NTSC视频）。

拓展训练

▶制作自然下雪效果

训练要求：

运用帧动画，给雪景添加动态效果，如图6-42所示。

图6-42　自然下雪效果

步骤指导：

（1）导入雪景素材，并查看素材文件的宽、高像素值。

（2）新建前景色为白色、背景色为黑色的图层，并新建一个Alpha 1通道。

（3）执行“滤镜→像素化→点状化”菜单命令，参数设置为5。

（4）执行“图像→调整→色阶”菜单命令，将雪花进行柔化处理，执行“滤镜→模糊→高斯模糊”菜单命令，数值为1。

（5）新建966像素×875像素画布，并把制作的雪花图层拖曳进来，复制雪花直到铺满整个画布，并把混合模式改为“滤色”。

（6）选择“窗口→时间轴”菜单命令，在“时间轴”面板选择创建视频时间轴动画。单击面板右上角的下拉按钮，在下拉菜单中选择“设置时间轴帧速率”，然后将参数设置为15。

判断题：

（1）Photoshop可以编辑视频和音频。（　　）

（2）Photoshop CC版本取消了传统时间轴。（　　）

（3）运用仿制图章工具或修复画笔工具，可以仿制视频或动画。（　　）

（4）将指针放置到一个打开的图像或帧内，然后按住“Alt”键（Windows）或“Option”键（Mac OS）并单击鼠标左键以设置取样点。（　　）

（5）Photoshop可以创建SWF格式的动画。（　　）

（6）洋葱皮模式将显示在当前帧上绘制的内容及在周围帧上绘制的内容。（　　）

（7）PSD文件可以选择保留各个图层、图层样式、透明区域和图层蒙版，以及调整图层（保留动画的各个元素）。（　　）

（8）“存储为Web所用格式”命令将帧动画存储为GIF格式动画。（　　）

（9）Photoshop动画循环次数选项有“一次”、“3次”、“永远”和“其他”。（　　）

（10）Photoshop可以将动画存储为GIF文件以便在Web上观看，还可以将视频和动画存储为QuickTime影片。（　　）

模块七

三维空间——Photoshop CC 3D的应用

知识目标

掌握Photoshop CC版本中的3D功能。本模块把3D功能的改进做了一个具体论述，并配以图片解释，然后引入最常见的3D文字。通过对3D文字的设置，讲述“材质”属性面板、“无限光”属性面板等的基本属性和操作技巧，使读者对3D功能有一个基本的认识并掌握入门操作。

能力目标

1. 熟悉3D面板并能够合理应用到设计中。
2. 掌握*XYZ*坐标体系。
3. 掌握“材质”属性面板及“无限光”属性面板的使用。

素质目标

初步建立运用软件创建3D图像的意识，并能够运用3D功能创建炫酷、夺目的图像，还能够用三维风格展示中国传统器物。

重点难点

重点：*XYZ*坐标体系的空间调整。

难点：“材质”属性面板和“无限光”属性面板的高级应用。

参考学时

任务1	立体展现——3D面板解读	1课时
任务2	立体实施——制作夺目的月球	1课时
任务3	立体国风——山水瓷瓶制作	1课时
任务4	立体海报——炫酷三维海报制作	1课时

任务1

立体展现——3D面板解读

任务目标：

1. 掌握3D图层的创建方法
2. 掌握3D面板的基本功能

图7-2　3D操作工具

任务说明：

熟悉Photoshop CC版本中的3D功能，并能运用此功能创建3D文字，将3D立体物象运用到设计作品中去。

完成过程：

在讲解3D功能前，首先打开计算机上的Photoshop CC，在界面的右上角单击工作区切换器展开菜单，确认计算机安装的软件版本是完整的、有3D功能，如图7-1所示。

新建画布，选择移动工具，在导航条面板就会看到3D操作工具，有旋转、滚动、拖动、滑动、缩放按钮，如图7-2所示。

现在讲解3D面板，3D面板如图7-3所示。

3D明信片：建立一个平面，可以用来当作地面或背景板。

3D模型：可导入OBJ格式模型文件。

从预设创建网格：常用功能之一，用来创建基础形状。

从深度映射创建网格：可以用来创建背景布。

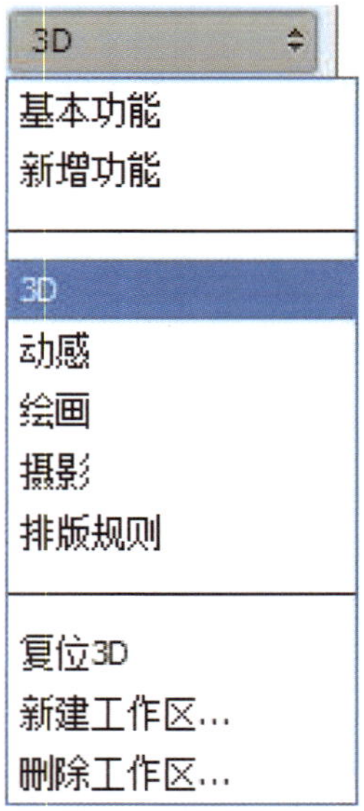

图7-1　功能菜单中的3D选项

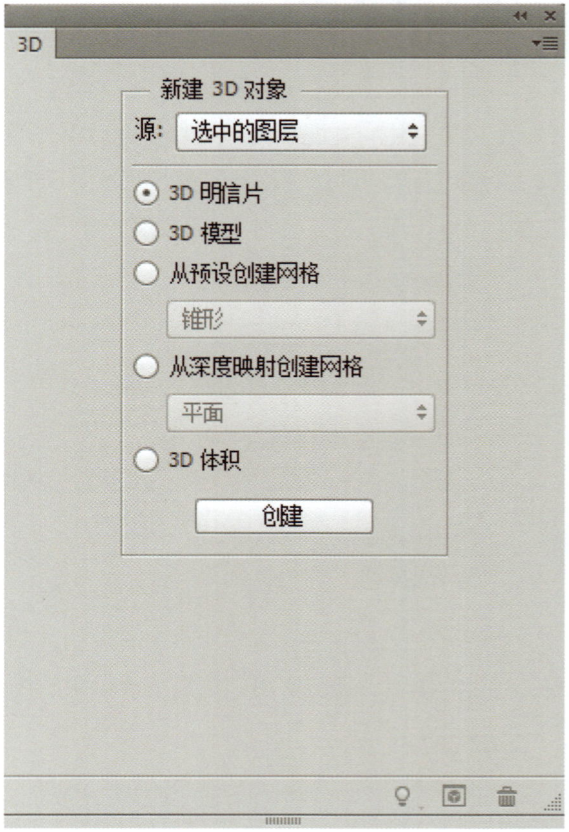

图7-3　3D面板

现在我们来看看如何创建物体，一种方法是预设形状，另一种方法是平面转立体。接下来做一个包装盒，利用预设形状创建。首先新建A4大小画布，分辨率为200像素/英寸，“从预设创建网格”选择“立方体”，然后单击“创建”按钮，一个立方体盒子就被创建了。如图7-4、图7-5所示。

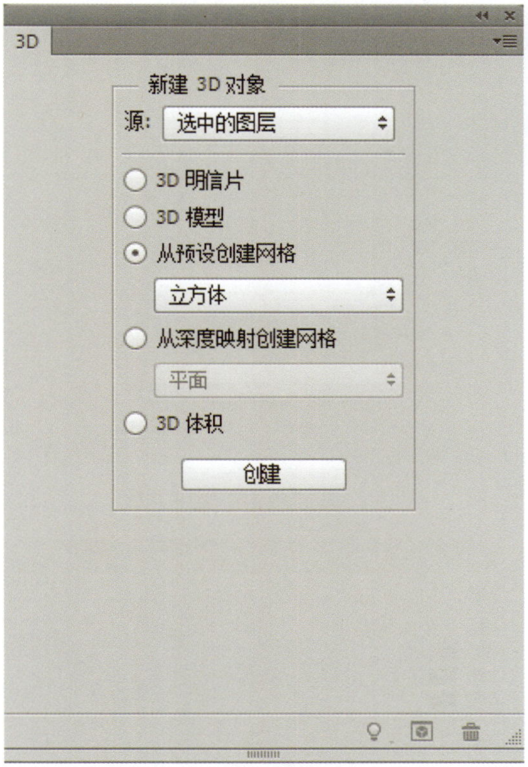

图7-4　利用3D面板创建立方体

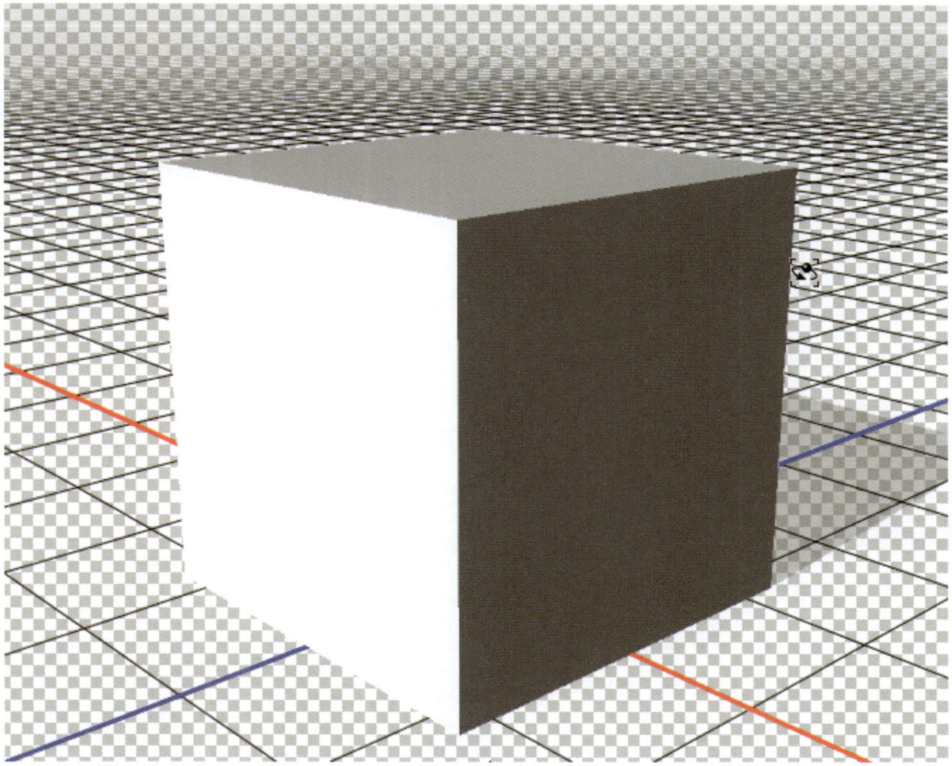
图7-5　创建后的立方体

单击3D图层面板的“环境”选项，打开“环境”属性面板，面板顶端为“环境”按钮和“坐标”按钮，全局环境色一般不做更改，IBL用于设置环境贴图，可以模仿场景和光照，不反光的物体使用默认的IBL贴图即可；强度会影响环境的亮度，柔和度为环境的清晰度；阴影颜色的不透明度会影响物体在地面投影的深浅；反射颜色的不透明度是物体在地面倒影的强度，粗糙度是物体在地面的清晰度；背景图像相当于图层里的背景图层，在这里创建比较消耗内存，所以不建议在此创建，可以回到传统图层创建。如图7-6所示。

接下来介绍“场景”属性面板，预设选项用于快速设置渲染效果，一般保持默认即可，当然，预设中还有很多其他效果，例如素描、铅笔、线框、透明外框、双框等；横截面选项被勾选后可以把物体像蛋糕一样切成两半。如图7-7所示。

双击当前视图，弹出“3D相机”属性面板，在视图窗口中可以切换摄像机前后左右显示，以及以俯视、仰视视角显示，在调整物体时非常适用；切换透视和正交摄像机，“透视”是指有透视网格，“正交”是指没有消失点，立方体各个边平行；镜头视角的焦距数越大透视感越弱，焦距数越小透视感越强；景深距离是指对焦的距离，深度是指焦点外虚化的程度，最终渲染前不要增加深度数值，会影响计算机性能；立体是指可以用3D眼镜来观看和操作，但是立体效果一般。如图7-8所示。

在3D图层面板单击立方体前的三角形扩展按钮，展开后出现各个面，可以双击各个面的材质面板，将弹出“材质”属性面板，可以给当前面贴上不同贴图，也可以点开预设材质球找到合适的材质，其下方为材质参数调节区，单击后面的文件夹图标可以贴图，配合当前属性来调整贴图强弱，可以做出UV、镂空等效果。如图7-9所示。

“无限光”属性面板如图7-10所示，此面板为调节灯光面板，可创建灯的类型有点光、聚光灯和无限光。最常用的为无限光，相当于自然光或摄影透光灯的平行光，当你创建物体后Photoshop就会自动给物体配置一个无限光源。

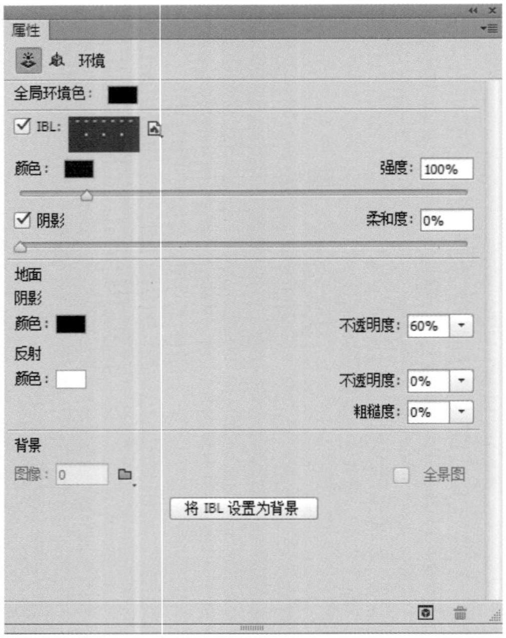

图7-6 “环境”属性面板

图7-7 “场景”属性面板

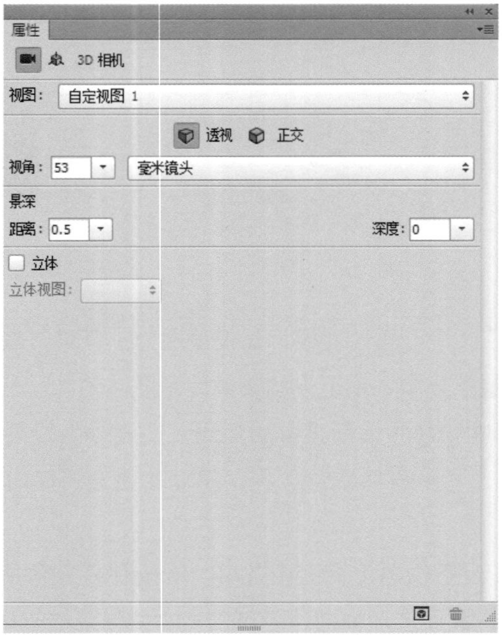

图7-8 “3D相机”属性面板

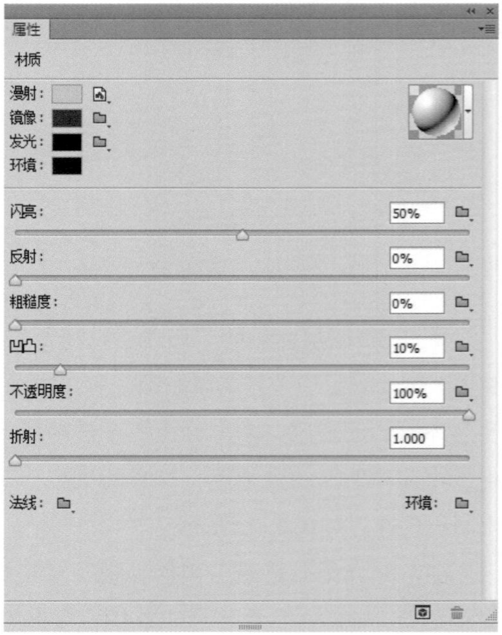

图7-9 “材质”属性面板

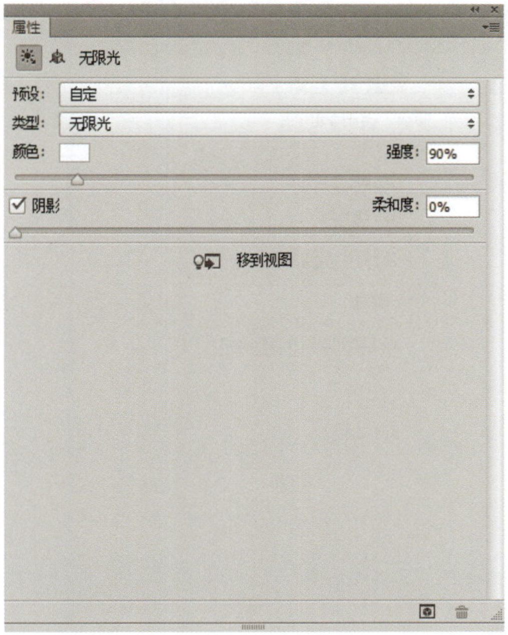

图7-10 “无限光”属性面板

经验指导

在“工具”面板中选择移动工具，单击3D相机，按住鼠标左键以选择以下类型：

按住“Shift”键并进行拖动，可将“旋转”、“平移”或“移动”工具限制为沿单一方向移动。

旋转3D对象，在画面中按住鼠标左键并任意拖动，即可对3D对象进行三维空间内的旋转，即沿Y、X或Z轴进行旋转。按住“Alt”（Windows）或“Option”（Mac OS）键时，单击鼠标左键可旋转画面。

滚动3D对象，在3D对象外按住鼠标左键并拖动，可滚动Photoshop CC视图，调整模型角度。

拖动3D对象，在3D对象外按住鼠标左键并拖动，3D对象将在三维空间中进行平移活动。按住“Alt”（Windows）或“Option”（Mac OS）键可沿X或Y轴方向平移。

滑动3D对象，在3D对象外按住鼠标左键并拖动，可使其在水平方向上移动，以及在Z轴上拉近和推远，按住“Alt”（Windows）或“Option”（Mac OS）键可沿Y轴方向移动。

缩放3D对象，可以更改3D相机的视角，最大视角为180度。在3D对象外按住鼠标左键并拖动，对3D对象进行等比例缩放操作，此时水平拖动不会改变Photoshop CC对象大小。

透视相机（仅缩放）显示汇聚成消失点的平行线。

正交相机（仅缩放）保持平行线不相交。在精确的缩放视图中显示模型，而不会出现任何透视扭曲。

景深（仅缩放），在选项栏中，设置“距离”参数，决定聚焦位置到相机的距离；设置“模糊”参数，控制图像其余部分的模糊程度。

任务2

立体实施——制作夺目的月球

制作夺目的月球

任务目标：

1. 掌握导入素材文档的方法
2. 掌握3D面板创建球体的命令

任务说明：

新建文档后导入月球贴图素材，打开3D面板后创建球体，完成立体月球的制作。

完成过程：

（1）首先创建一个文档，大小为1 000像素×500像素，分辨率为300像素/英寸，如图7-11所示。

（2）导入已有的月球贴图素材至文档，并用自由变换工具调整大小，如图7-12所示。

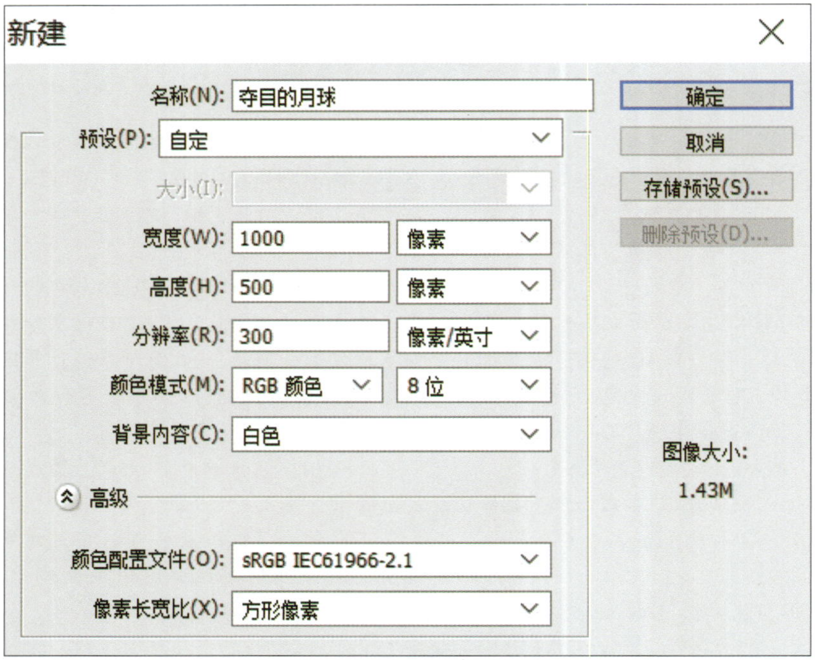

图7-11　新建文档设置

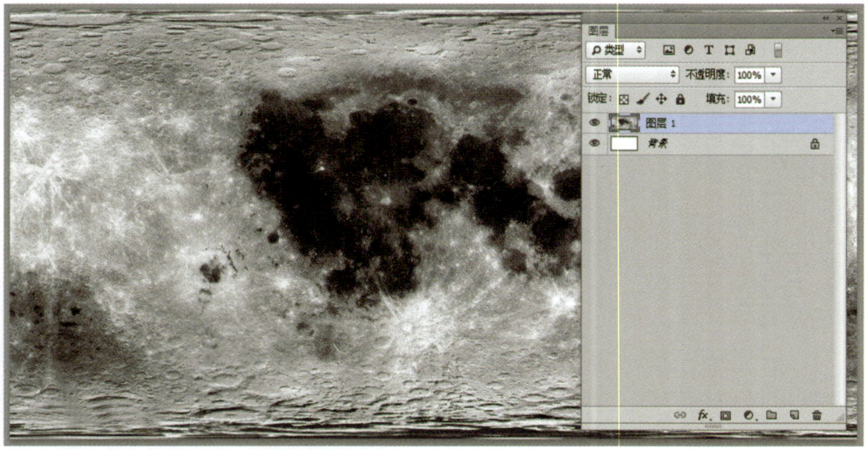

图7-12　月球贴图素材调整

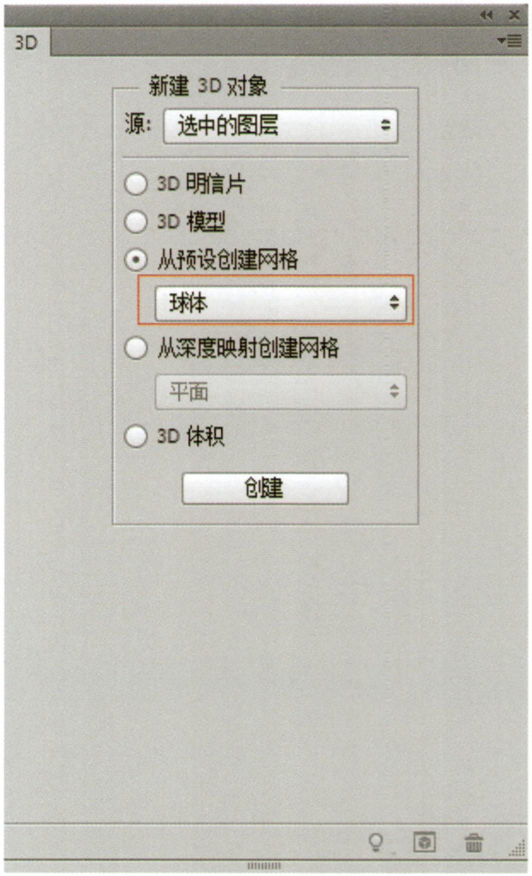

图7-13　3D面板创建球体

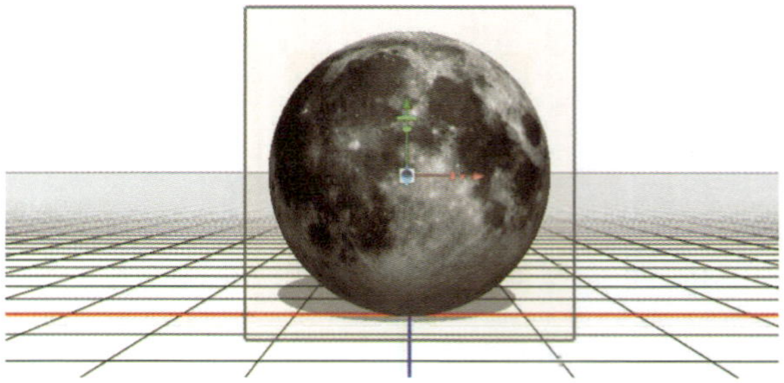

图7-14　创建后的球体

（3）单击图层打开3D面板，“从预设创建网格”选择“球体”，单击“创建”按钮，如图7-13、图7-14所示。

（4）现在3D球体就被创建出来了，可以选择导航面板上的按钮对球体进行旋转、缩放等操作；球体的边缘现在看上去很粗糙，在“图层”面板中双击立方体标志就会打开3D面板，在这里你可以对3D图层做很多调整。选择显示“场景”选项的3D面板，在“渲染设置”栏单击“编辑”按钮，然后将“抗锯齿”设为最佳，这样边缘就会变得平滑。

Ps

经验指导

要沿着X、Y或Z轴移动选定项目，首先高亮显示任意轴的轴尖，然后以任意方向沿轴拖动。

要旋转项目，单击轴尖内弯曲的旋转线段，将会出现显示旋转平面的黄色圆环，围绕3D轴中心沿顺时针或逆时针方向拖动圆环。要进行幅度更大的旋转，应将鼠标向远离3D轴的方向移动。

要调整项目的大小，向上或向下拖动3D轴的中心立方体。

要沿轴压缩或拉长项目，将某个彩色的变形立方体朝中心立方体拖动，或者拖动其远离中心立方体。

要将移动限制在某个对象平面内，应将鼠标指针移动到两个轴交叉（靠近中心立方体）的区域，两个轴之间出现一个黄色的“平面”图标。可以向任意方向拖动，还可以将指针移动到中心立方体的下半部分，从而激活“平面”图标。

任务3

立体国风——山水瓷瓶制作

山水瓷瓶制作

任务目标：

1. 掌握凸出选项参数设置
2. 掌握“材质”属性面板参数设置

任务说明：

新建文档后使用钢笔工具绘制瓷瓶轮廓路径，描边路径后执行凸出命令，添加材质命令，调整后得到最终的立体山水瓷瓶。

完成过程：

（1）新建画布，参数如图7-15所示。

（2）选择“视图→显示→网格”菜单命令，在工具栏中选择钢笔工具，绘制瓷瓶轮廓路径，如图7-16所示。

（3）打开“图层”面板新建图层1，再打开“路径”面板，选择画笔工具调整画笔大小（颜色随意），使用“路径”面板完成的画笔描边路径如图7-17所示。

（4）选择“3D→从所选图层新建3D模型”菜单命令，效果如图7-18所示。

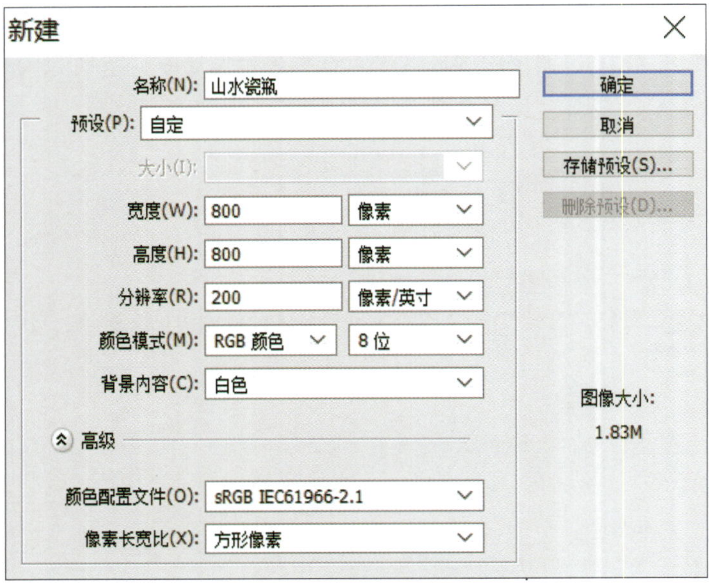

图7–15　新建画布参数设置

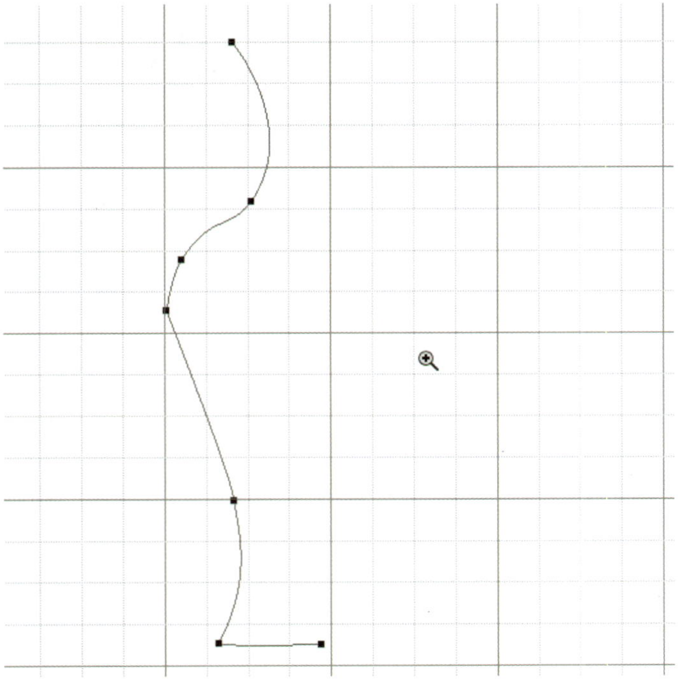

图7–16　使用钢笔工具绘制瓷瓶轮廓路径

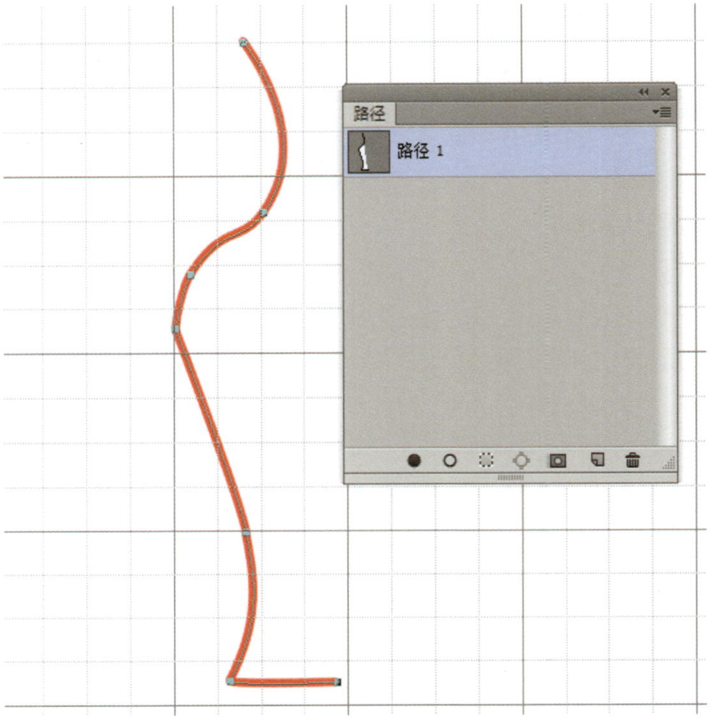

图7–17　画笔描边路径后效果

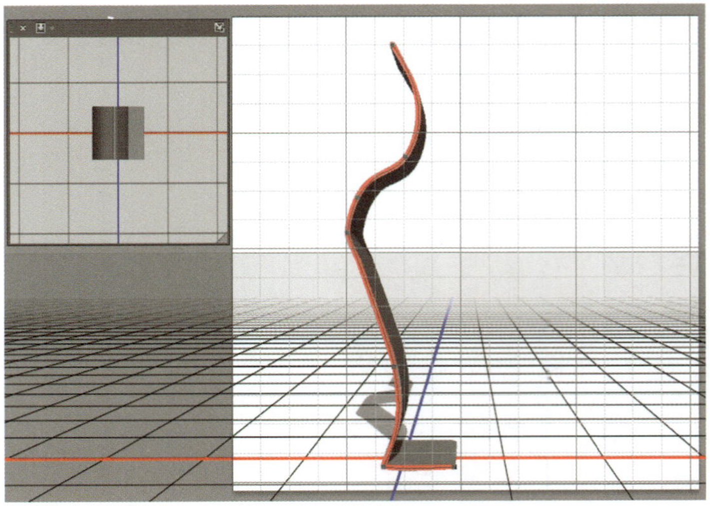

图7–18　新建3D图层后效果

（5）单击3D面板中“图层1”属性图标，弹出“属性”面板，在“形状预设”中选择“向右弯曲X轴360度”。如图7-19所示。

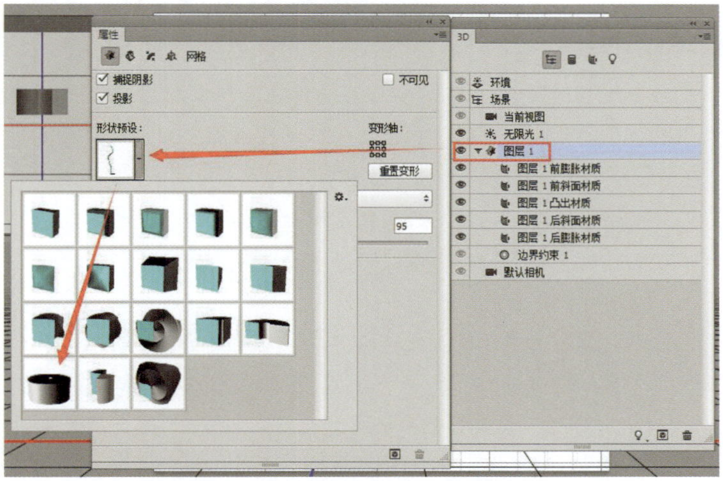

图7-19　在“属性”面板中更改形状预设

（6）在“属性”面板中“纹理映射”选择“缩放”，调整“凸出深度”数值。如图7-20所示。

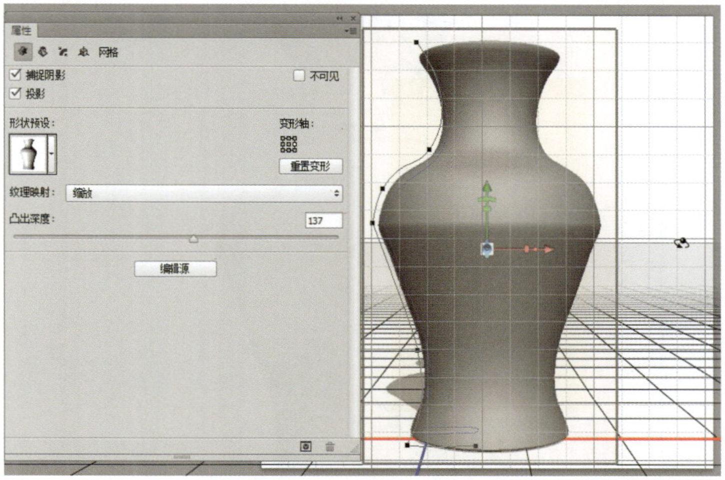

图7-20　调整凸出深度后效果

（7）回到3D面板，双击“图层1凸出材质”图标，弹出“材质”属性面板，选择“漫射→载入纹理”，如图7-21所示。

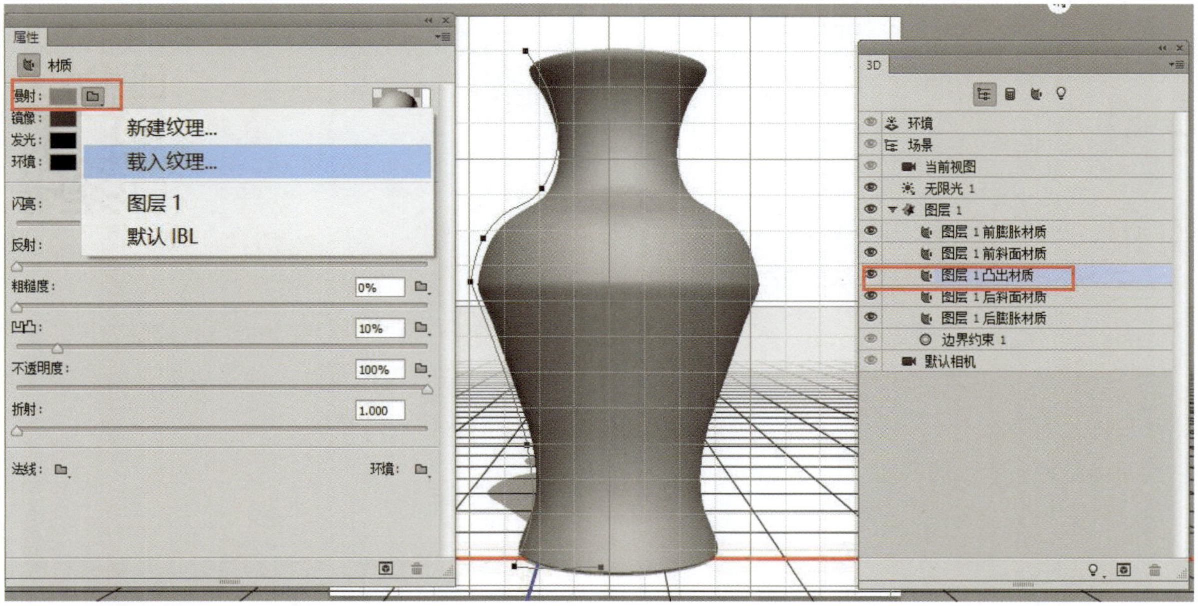

图7-21　选择载入纹理

（8）选择现有素材中的山水瓷瓶贴图素材，得到最终效果，如图7-22所示。

图7-22　山水瓷瓶最终效果

Ps

经验指导

交互（绘画）：使用OpenGL进行渲染可以利用显卡上的GPU产生高品质的效果，但缺乏细节的反射和阴影。对于大多数系统来说，此选项最适用于编辑。

光线跟踪草图：使用计算机主板上的CPU进行渲染，具有草图品质的反射和阴影。如果系统有功能强大的显卡，则“交互”选项可以产生更快的结果。

光线跟踪最终效果：此选项可以完全渲染反射和阴影，最适用于最终输出。

“光线跟踪”渲染过程中会临时在图像上绘制拼贴。要中断渲染过程，需要单击鼠标或按空格键；要更改拼贴的次数以牺牲处理速度来获得高品质的效果，需要更改“首选项→3D”中的“高品质阈值”。

任务4

立体海报——炫酷三维海报制作

炫酷三维海报制作

任务目标：

1. 掌握图片立体化的方法
2. 掌握三维图像旋转和缩放的方法

任务说明：

使用旋转扭曲效果使图片更虚幻，再利用3D工具将海报凸起，在3D面板中调整参数得到炫酷效果，接着将图片转换为智能对象，进行色阶、色彩平衡、图层蒙版等的调整，输入文字后得到最终效果。

完成过程：

（1）打开炫酷三维海报素材，复制当前图层得到背景拷贝图层，如图7-23所示。

(2) 选择“滤镜→扭曲→旋转扭曲”菜单命令，设置角度为860度，如图7-24所示。

(3) 选择“3D→从图层新建网格→深度映射→平面”菜单命令，得到3D立体图像，如图7-25所示。

(4) 双击3D面板“场景”前图标，在弹出的“属性”面板中，将预设更改为“未照亮的纹理”，更改预设后背景会更加鲜亮，如图7-26、图7-27所示。

(5) 选择移动工具对当前的3D图像进行调整，将Z轴的缩放值调大，再将图像沿Y轴旋转，得到炫酷效果，如图7-28所示。

(6) 在“图层”面板选择背景拷贝图层，单击鼠标右键，选择“转换为智能对象”，如图7-29所示。

(7) 在“图层”面板添加色阶调整图层、色彩平衡调整图层，“色阶”和“色彩平衡”

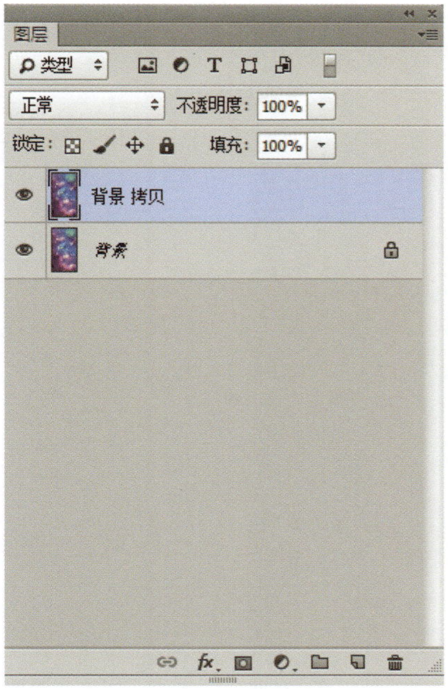

图7-23　背景拷贝图层

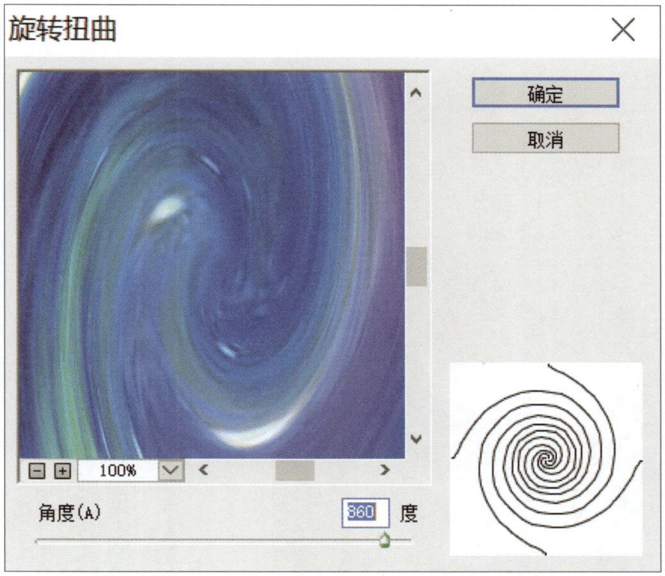

图7-24　“旋转扭曲”对话框参数设置

图7-25　生成3D后的效果

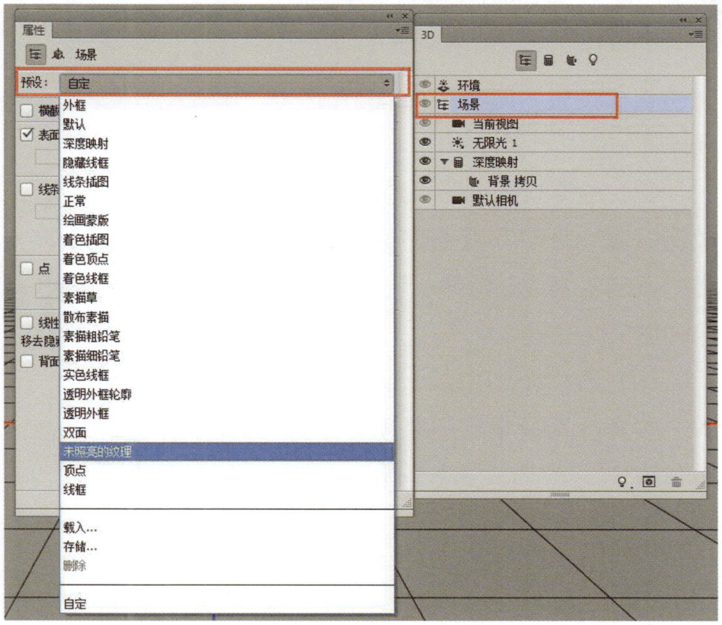

图7-26　“属性”面板中预设更改

图7-27　更改预设后效果

图7-28　调整后效果

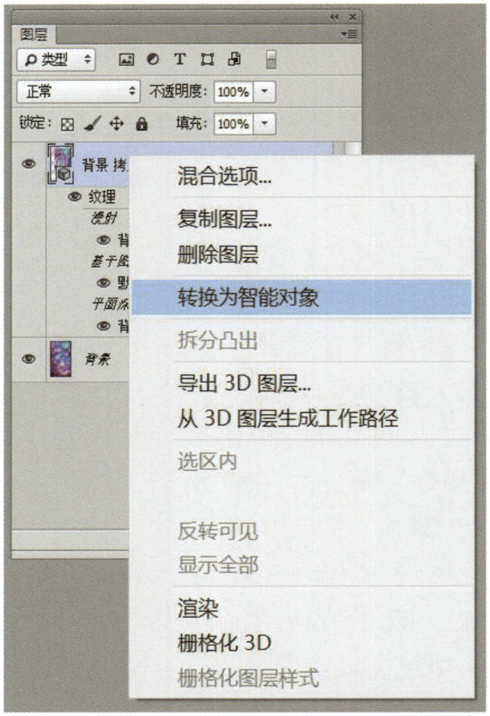

图7-29　“转换为智能对象”命令

属性面板设置如图7-30、图7-31所示。

（8）给背景拷贝图层添加图层蒙版，弱化图层和背景图层边界，选择画笔工具进行涂抹，调整后效果如图7-32所示。

（9）选择背景图层，选择“滤镜→模糊→高斯模糊”菜单命令，数值为20，虚化背景来强调3D效果，如图7-33所示。

（10）输入文字后，得到炫酷三维海报最终效果，如图7-34所示。

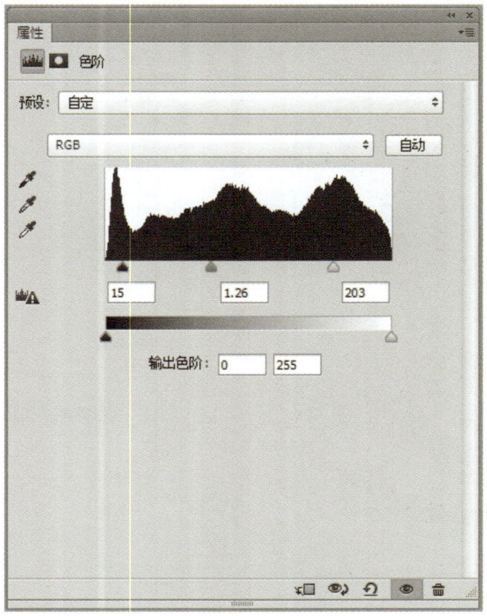

图7-30　“色阶”属性面板参数设置

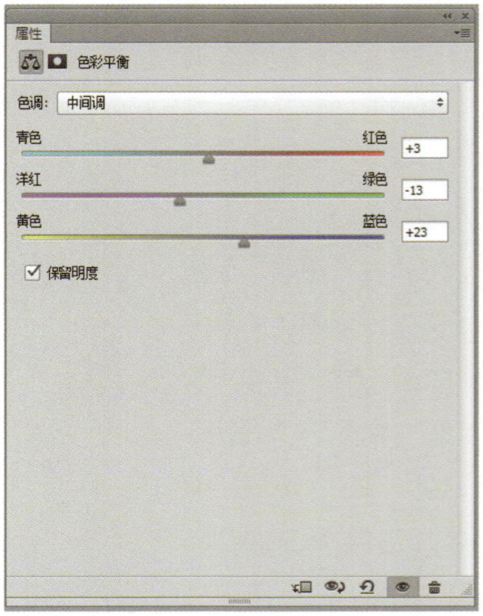

图7-31　“色彩平衡”属性面板参数设置

图7-32　添加图层蒙版后效果

图7-33　高斯模糊后效果

图7-34　炫酷三维海报最终效果

经验指导

Photoshop可以做到：

将2D图层作为起始点，生成各种基本的3D对象。创建3D对象后，可以在3D空间移动该对象、更改渲染设置、添加光源或将其与其他3D图层合并。

将2D图层转换到3D明信片（具有3D属性的平面）中，如果起始图层是文本图层，则会保留所有透明度。

使2D图层围绕3D对象，如锥体、立方体或圆柱体。

通过2D图像中的灰度信息创建3D网格。

通过在3D空间中凸出2D对象，模拟一种称为凸纹的金属加工技术。

从多帧文件（如DICOM医学成像文件）生成3D体积时，Photoshop将文件的各个切片合并为3D对象，以便在3D空间中进行处理，并可从任意角度观看。可以应用多种3D体积渲染效果，以优化多种材质扫描后的显示效果，如骨骼或软组织。

拓展训练

▶制作3D爱心

训练要求：

运用3D功能，制作生动的爱心，如图7-35所示。

图7-35　3D爱心效果

步骤指导：

（1）新建文档，选择自定义形状工具绘制心形图案。

（2）选择菜单命令“3D→从所选图层新建3D模型”。

（3）在属性面板中，去除阴影和凸出效果。

（4）在3D面板选择图层1，在属性面板中，属性类型选择“盖子”，“边”选择“前部和背面”，角度为90度，强度为12%。

（5）调整镜像材质、发光材质数值。

（6）调整无限光和环境色。

▶制作3D月饼

训练要求：

运用3D功能，制作逼真的月饼，如图7-36所示。

图7-36　3D月饼效果

步骤指导：

（1）新建文档，选择自定义形状工具绘制月饼外部轮廓、内部花纹。

（2）选择外部轮廓图层，选择菜单命令“3D→从所选图层新建3D模型”。

（3）在3D菜单中，选择轮廓图层，单击鼠标右键复制对象；在属性面板中，选择编辑源，将内部花纹替换为外部花纹。

（4）调整图层的膨胀参数，在“盖子”属性面板中，膨胀角度为90度，强度降低。

（5）新建图层，制作月饼颜色的贴图，分别载入贴图文件。

（6）调整无限光和环境色。

模块八

图像优化——Photoshop CC图像修饰

知识目标

熟练掌握“自定义画笔预设”的使用方法。
掌握图像局部瑕疵的修饰方法。

能力目标

掌握色彩修复的方法。
掌握图像润饰工具的使用方法。

素质目标

通过具体案例的设计，培养创新能力；提升职业素养和职业道德。
提升设计审美能力和人文素养。

重点难点

重点：熟练掌握“仿制图章工具”“污点修复画笔工具”“修复画笔工具”等修复工具的使用技巧。
难点：熟练掌握“自定义画笔预设”的使用方法。

参考学时

任务1 色彩修复——数码照片的色彩校正	1课时
任务2 图像优化——人物美容修饰	1课时
任务3 图像升级——绿水青山	1课时
任务4 图像绘制——国宝熊猫	1课时

任务1

色彩修复——数码照片的色彩校正

数码照片的色彩校正

任务目标：

1. 掌握色彩修复的方法
2. 熟练掌握“自定义画笔预设”的使用方法。

任务说明：

我们经常会对自己拍摄的数码照片或查找到的素材的色彩不甚满意，特别想对其进行色彩的调整和修正。只要我们掌握好色彩的基本原理和基础知识，再根据不同的创意设计需求应用好Photoshop的多种调色工具和命令，就可以制作出绚丽多彩的作品。

完成过程：

（1）在Photoshop CC软件当中打开素材文档，快捷键为“Ctrl+O”。具体效果如图8-1所示。

（2）复制素材图层，在复制的图层上选择窗口像素载入选区，并添加图层蒙版，执行“图像→调整→曲线”菜单命令，打开曲线属性面板，如图8-2所示。

图8-1 打开素材文档

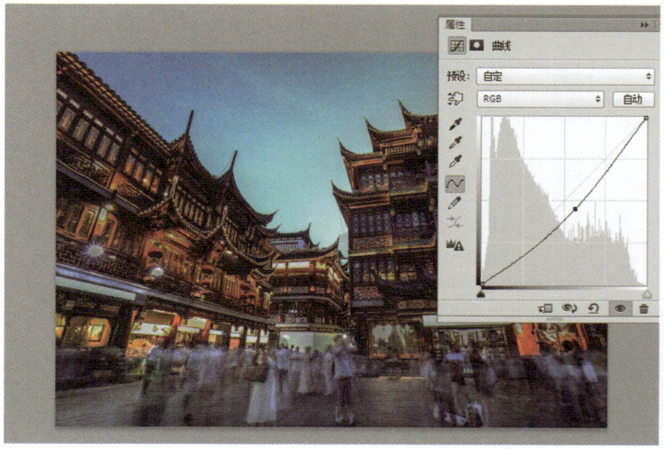

图8-2 曲线属性面板

(3) 使用“矩形选区”工具，将羽化值设置为50像素，消除锯齿，在画面当中新建选区，如图8-3所示。

图8-3　建立矩形选区填充

(4) 选择“图层”面板下方的“创建新的填充或调整图层”，当中的“曲线”选择红色，调整偏色部分，如图8-4所示。

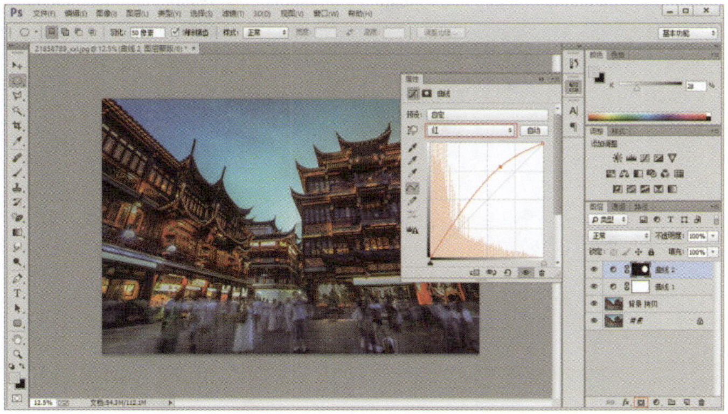

图8-4　调整红色曲线

(5) 再次选择“曲线”工具当中的蓝色，如图8-5所示，调整完成之后，在图层蒙版上填充黑色。

(6) 使用“画笔工具”在图层蒙版上使用白色涂抹天空和人群区域，过渡地区可选用浅灰色涂抹，如图8-6所示。

(7) 按“Ctrl”键单击图层蒙版载入选区，使用快捷键“Ctrl+Shift+I”反向建立选区，选择“创建新的填充或调整图层”当中的“色彩平衡”，具体参数如图8-7所示。

(8) 按“Ctrl”键单击图层蒙版载入选区，选择“创建新的填充或调整图层”当中的“色相/饱和度”，具体参数如图8-8所示。

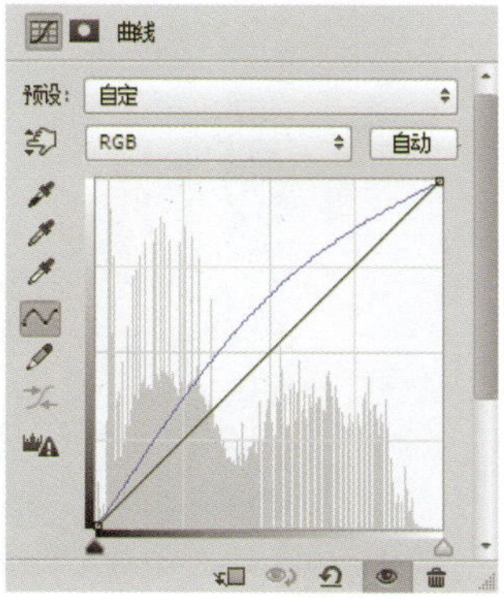

图8-5　调整蓝色曲线

图8-6　调整天空颜色

图8-7　调整色彩平衡

图8-8　调整色相/饱和度

（9）在“图层”面板选择顶部图层之后通过快捷键“Ctrl+Alt+Shift+E”盖印图层，并选择图层面板上端的“线性减淡”，不透明度设置为20%，进行图层混合，如图8-9所示。

图8-9　混合图层

（10）之后对灯光部分进行光感调整，选择“可选颜色”当中的红色，如图8-10所示。

（11）新建文档，命名为“雨点”，大小为500像素×500像素，分辨率为300像素/英寸，颜色模式为RGB，并使用硬度为60%的“画笔工具”添加黑点，如图8-11所示。

（12）选择“编辑”菜单→“自定义画笔预设”，名称为“雨点”，单击“确定”按钮，如图8-12所示。

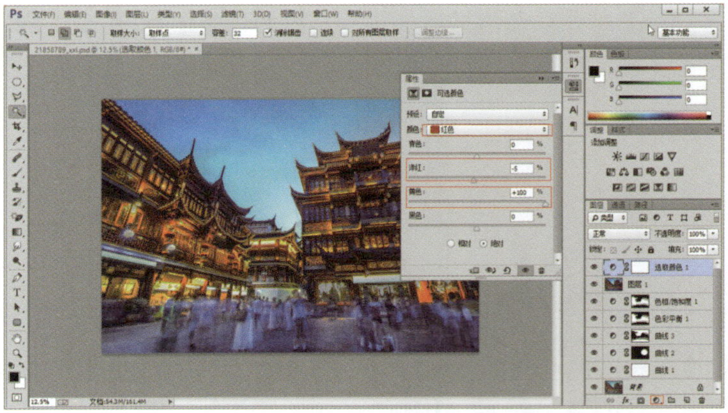

图8-10　选择画笔类型

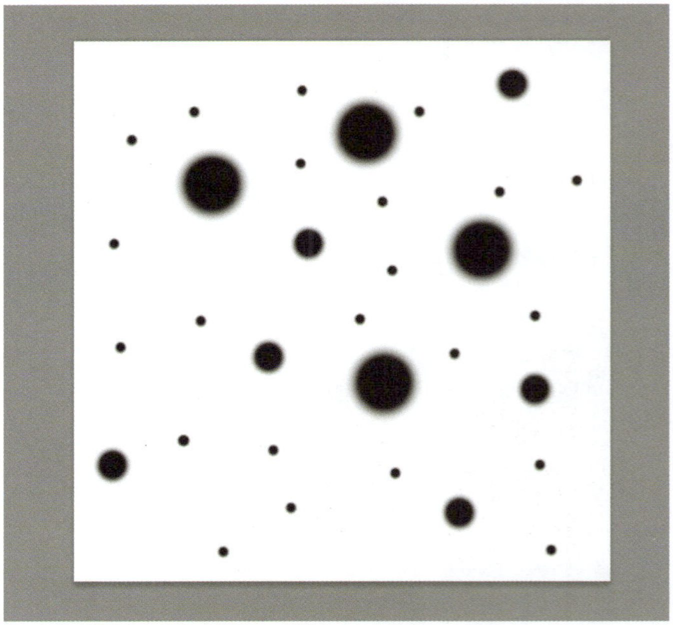

图8-11　绘制雨点素材

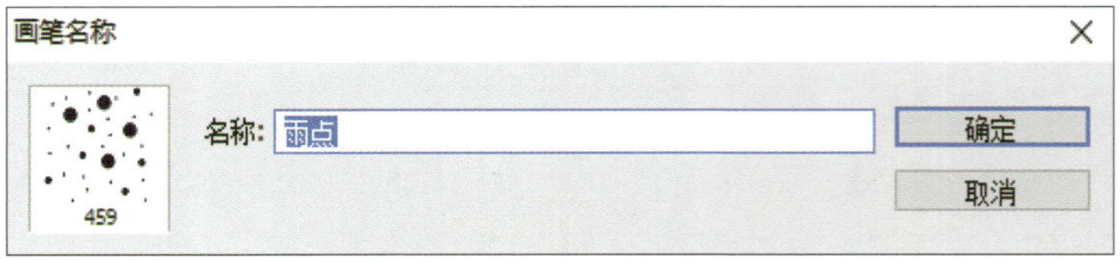

图8-12　自定义画笔预设

（13）新建一个透明图层，使用“画笔工具”在画面当中填充，颜色可以选择浅灰色。不透明度调整为80%，如图8-13所示。

“画笔工具”是以“前景色”为“颜料”在画面中进行绘制的。绘制的方法也很简单，如果在画面中单击，就能够绘制出一个圆点（因为在默认情况下画笔工具的笔尖为圆形）。在画面中按住鼠标左键并拖动，即可轻松绘制出线条。

（14）接下来，我们为画面增加下雨的效果，选择“滤镜→模糊→动感模糊”菜单命令，参数如图8-14所示。

（15）最后，选择“滤镜→风格化→风”菜单命令完成设计，如图8-15所示。

图8-13 绘制“雨点”

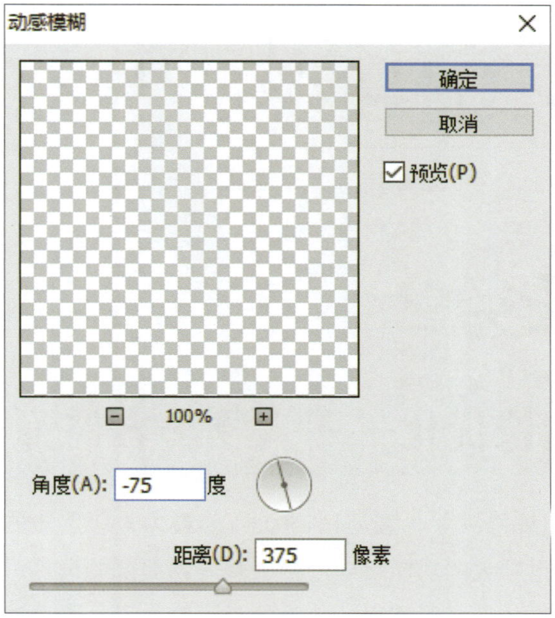

图8-14 增加下雨效果

图8-15 完成设计

经验指导

执行“编辑→预设→预设管理器”命令，打开“预设管理器”对话框。接着设置“预设类型”为“画笔”，单击“载入”按钮，如图8-16所示。在弹出的“载入”对话框中找到外挂画笔的位置，单击选择外挂画笔（格式为“.abr”），接着单击“载入”按钮，如图8-17所示，随即可以在“预设管理器”中看到载入的画笔，单击“完成”按钮。

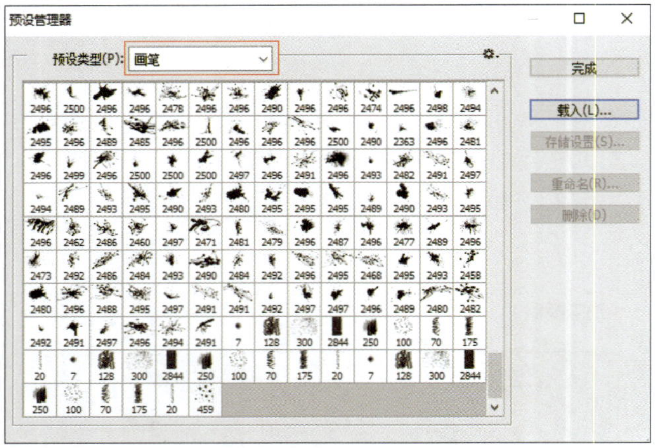

图8-16 “预设管理器”对话框

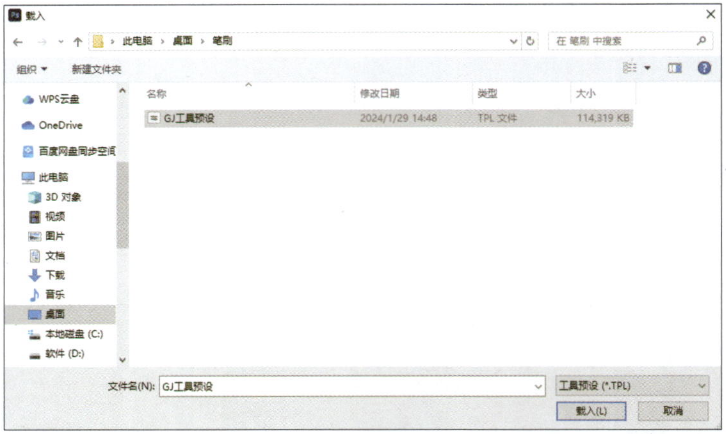

图8-17 “载入”对话框

任务2

图像优化——人物美容修饰

人物美容修饰

“瑕疵修复”一直是Photoshop最为人所熟知的强项之一，通过强大的功能可以轻松去除人物面部的斑点、环境中的杂乱物体，甚至实现“偷天换日”的效果。更重要的是这些工具的使用方法非常简单，只需要我们熟练掌握并且多练习，就可以实现这些效果。

任务目标：

1. 正确使用“仿制图章工具”进行杂物的去除

2. 正确使用“污点修复画笔工具”“修复画笔工具”对图像中的小面积瑕疵进行修饰

3. 正确使用“修补工具”，可以利用画面中的部分内容继续覆盖

任务说明：

在我们调整设计素材时经常会遇到需要去除水印、去除背景部分不相干的杂物等情况。“仿制图章工具”就可以将图像的一部分通过涂抹的方式，“复制”到图像中的另一个位置上。在我们需要去除人物面部的斑点、皱纹、凌乱发丝，或者去除画面中细小的杂物时，可以使用“污点修复画笔工具”以及“修复画笔工具”消除图像中的小面积瑕疵，或者去除画面中看起来比较“特殊”的对象。

完成过程：

（1）打开要修复的人物素材并复制素材图层，选择“仿制图章工具”并根据所要修复图像的大小，在选项栏里调整

画笔的大小，如图8-18所示。

图8-18 仿制图章工具

（2）按下“Alt”键并单击鼠标左键选择仿制图章的对象，之后对需要修复的地方进行涂抹，就可以明显看到之前的像素被仿制图章的对象覆盖了，如图8-19所示。

图8-19 被仿制图章的对象覆盖

（3）现在我们就完成了对图像的修复工作，之前的人物形象将被覆盖，如图8-20所示。当然，在这里如果我们想将被覆盖对象和覆盖对象进行融合的话，可以设置不透明度进行半透明的覆盖。

图8-20 修复完成

（4）打开我们要进行瑕疵修复的素材，选择“污点修复画笔工具”，如图8-21所示。

图8-21 污点修复画笔工具

（5）在“污点修复画笔工具”的选项栏当中，根据图像瑕疵的像素比例调整画笔大小，并选择“近似匹配”，如图8-22所示。

（6）对需要修饰的局部，如面部的皱纹，进行涂抹遮盖。我们看到，可以很明显地消除图像当中有瑕疵的地方，并与周围的像素进行匹配，使画面和谐统一，如图8-23所示。

（7）再次复制图层并使用“修复画笔工具”对图像中要清除的内容进行修饰，如图8-24所示。

（8）调整画笔大小，并按住“Alt”键进行取样，在指定位置单击复制图像，然后在图像中按住鼠标左键拖动，即可用复制的图像对原图像进行修饰，如图8-25所示。

图8-22　调整对比

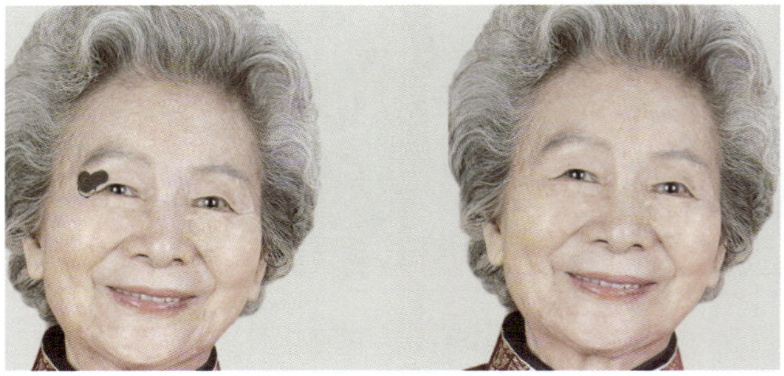

图8-23　涂抹遮盖

图8-24　修复画笔工具

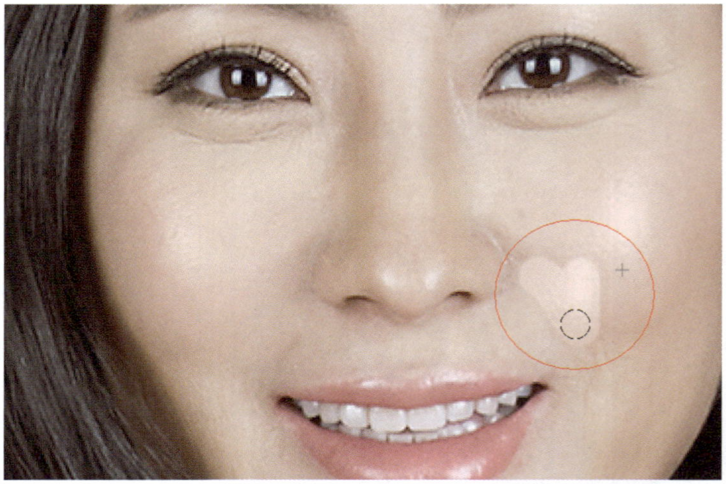

图8-25　按住“Alt”键进行取样

（9）这样我们就把图片当中需要覆盖的瑕疵部分修改完成了，如图8-26所示。

（10）选择“修补工具”对图片当中的瑕疵部分进行修饰，如图8-27所示。

（11）在“修补工具”选项栏当中选择修补“正常”，并单击“源（源：用图像文件中指定位置图像来修复选择区域内的图像；目标：用选择区域内的图像修复图像文件中的其他区域）。之后，我们用鼠标勾勒出需要修饰的部分形成选区，并拖曳到没有瑕疵的位置，完成后可取消选区（快捷键“Ctrl+D”），如图8-28所示。

（12）接下来我们选择“内容感知移动工具”，此工具可以将图片中多余的物体去除，同时会自动计算和修复移除部分，从而实现更加完美的图片合成效果，如图8-29所示。

图8-26　覆盖瑕疵部分

图8-27　修补工具

图8-28　勾勒出需要修饰的部分形成选区

图8-29　内容感知移动工具

（13）我们用鼠标勾勒想要位移的部分，形成选区并移动，如图8-30所示。

（14）“内容感知移动工具”可以将物体移动至图像其他区域，并且重新混合组色，以便产生新的位置视觉效果，完成后可取消选区（快捷键“Ctrl+D”），如图8-31所示。

（15）在“图层”面板选择顶部图层之后，通过快捷键“Ctrl+Alt+Shift+E”合并所有有效像素并载入新图层，选择“滤镜→模糊→高斯模糊”菜单命令，柔化皮肤质感，参数如图8-32所示。

（16）增加该图层的矢量蒙版，首先填充黑色，选择“画笔工具”在需要柔化的地方涂抹白色，过渡区域可选择灰色涂抹，如图8-33所示。

图8-30　勾勒出需要位移的部分并形成选区

图8-31　移动感知内容

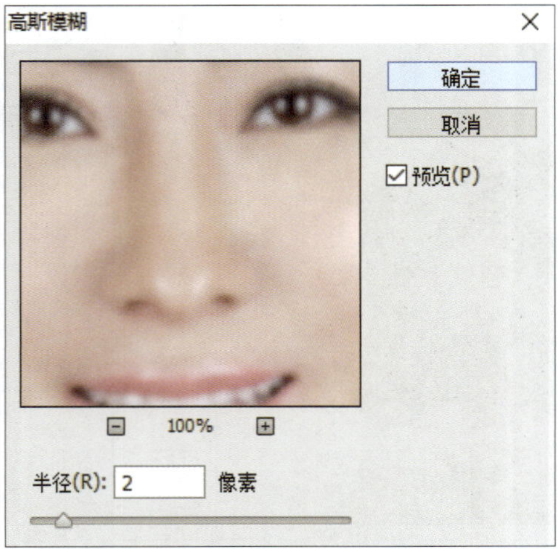

图8-32　柔化皮肤质感

图8-33　完成设计

经验指导

在仿制图章工具的“仿制源”选择上，要注意的是，“仿制源”应该跟想要修复的地方十分相似，最好相同，比如，皮肤、颜色等方面。选择“仿制源”比较简单。选定“仿制源”后，松开“Alt”键。把光标移到需要修补的地方，连续单击鼠标，直到所希望的效果出现。值得注意的是，当不停地单击鼠标修复时，眼前会出现一个“+”符号，这个就是仿制源，就是说，单击的地方，会逐渐变成“+”的样子，要时刻留意这一点。

任务3

图像升级——绿水青山

绿水青山

任务目标：

1. 掌握渐变工具进行图像填充的技巧
2. 掌握图像润饰工具的使用方法

任务说明：

图像编辑在我们的生活中随处可见，想要编辑和处理好图像，就必须掌握数字图像的类型、特点和编辑技巧。特效是指对图像、文字、色彩等进行特殊润饰效果的制作。根据创意设计的需求，使用Photoshop强大的工具和命令，应用多种润饰制作方法，我们就可以完成令人惊叹的特殊效果，为作品增添魅力。

完成过程：

（1）新建一个文档，尺寸为1 320像素×1 880像素，分辨率为150像素/英寸，如图8-34所示，再新建图层，将前景色设置为浅灰色。

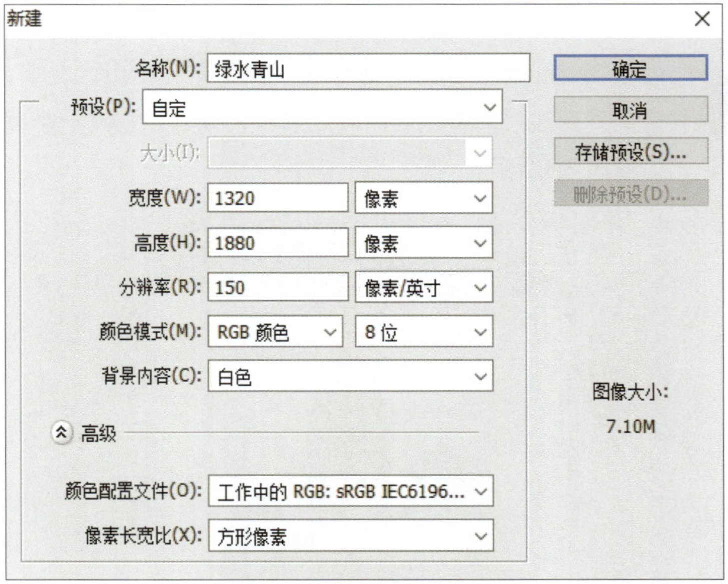

图8-34　新建文档

（2）双击该图层给它添加“图案叠加”图层样式，选择浅灰石纹图案，调整缩放值，给背景增加一层纹理材质，增加空间感，如图8-35所示。

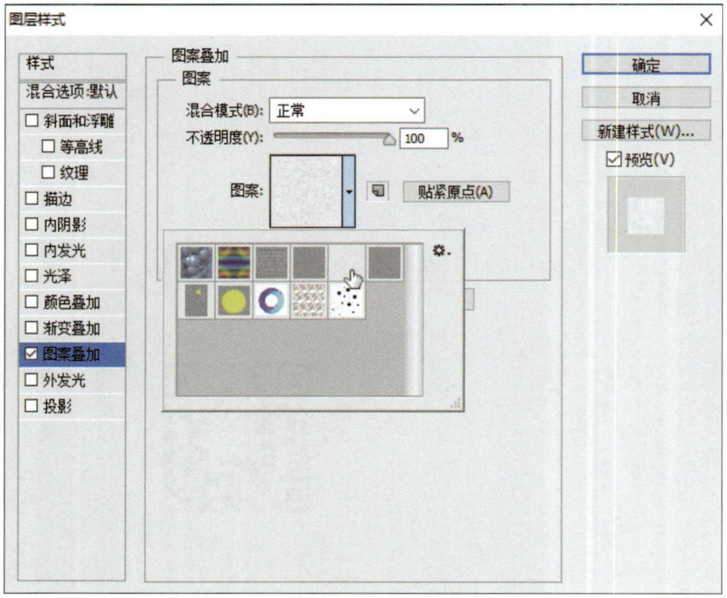

图8-35　增加纹理材质

（3）用“钢笔工具”选择形状模式，勾勒出山的轮廓，这种中间高两边矮的样式勾勒好之后我们先任意填充一个颜色，如图8-36所示。

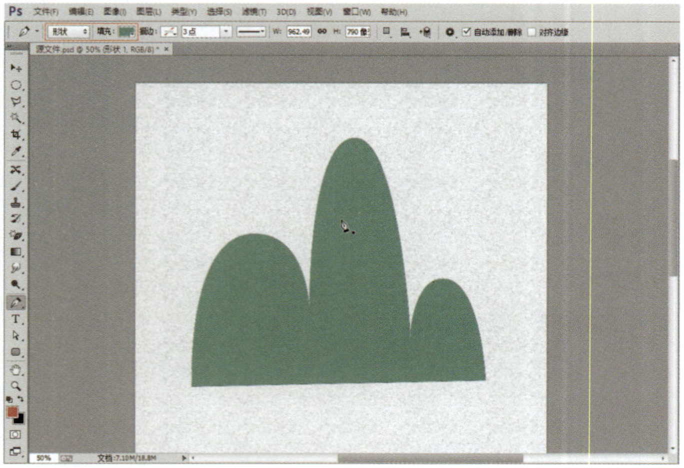

图8-36　勾勒出山的轮廓

（4）用“直接选择工具”调整细节，用删除锚点工具删除多余的锚点，让线条更加顺滑，如图8-37所示。

图8-37　调整细节

（5）调整好细节之后我们适当地缩放一下，缩放到合适的大小，然后给它添加“渐变叠加”图层样式，从上到下是白色到浅绿色的渐变，以丰富视觉效果，如图8-38所示。

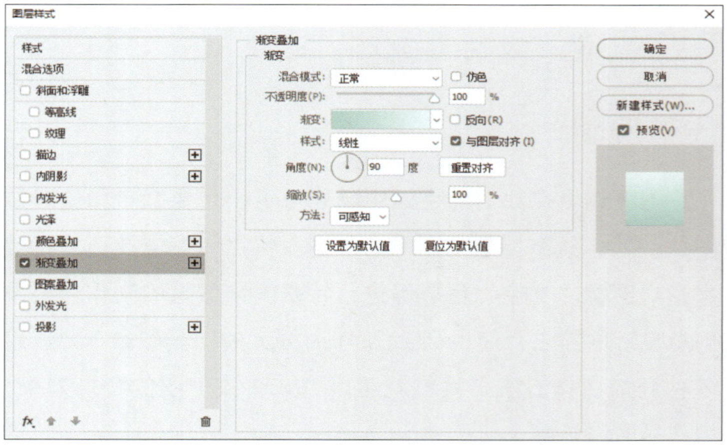

图8-38　“渐变叠加”图层样式设置

（6）通过快捷键“Ctrl+J”复制一个图层副本，隐藏原图层后将该副本栅格化，并给它添加一个“内阴影”图层格式，投影的颜色我们可以选择深绿色，制作出剪纸的效果，如图8-39所示。

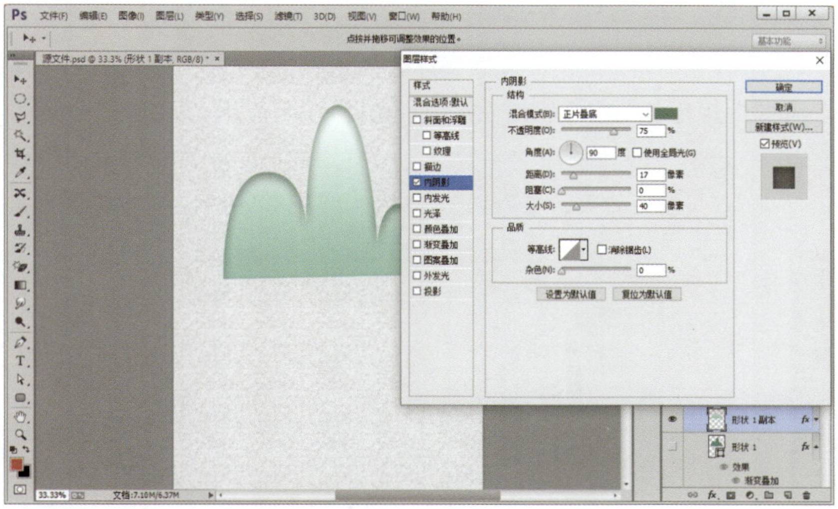

图8-39　剪纸的效果

(7) 将山素材拖到合适的位置，增加矢量蒙版，在蒙版填充线性黑白渐变，混合模式调整为“正片叠底”，不透明度为60%，如图8-40所示。

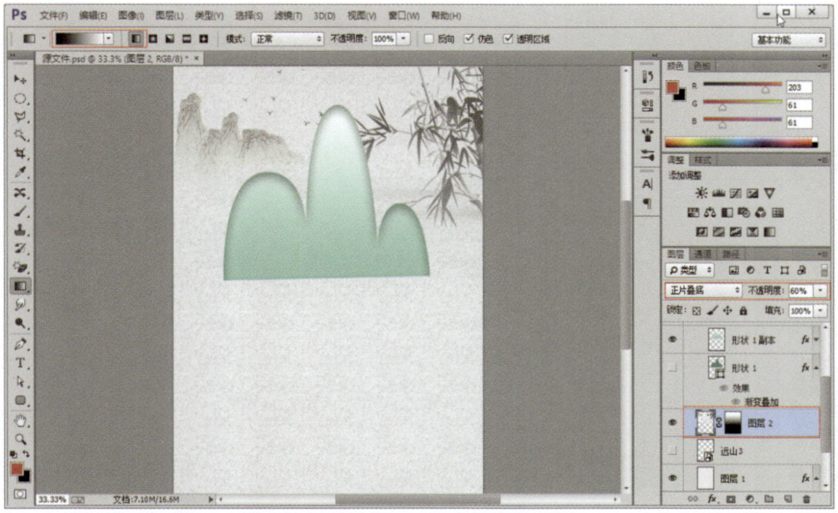

图8-40　载入素材

(8) 用椭圆工具画一个正圆，用跟背景一样的浅灰色填充，再复制两个圆，制作出云朵上方的轮廓，可将复制圆沿水平方向拉伸为椭圆形，制作出云朵下方的轮廓，做好之后将这四个图层通过快捷键“Ctrl+G”编组，并添加一层阴影，如图8-41所示。

图8-41　制作云朵的轮廓

(9) 制作第二、三朵云彩，方法是一样的。但是我们要制作出不同形状的云朵来，这样制作出来的效果才不会那么呆板，云朵也要跟上方的这个山的形状相吻合，如图8-42所示。

图8-42　完成云朵组绘制

(10) 绘制“绿水”的形状，使用“钢笔工具”，注意调整线条尽量顺滑，填充深绿色，如

图8-43所示。

（11）对需要加深的部分进行涂抹，选择“加深工具”对过于曝光的部分进行调整。“画笔”选择50像素，“范围”选择中间调，“曝光度”为50%，保护色调，如图8-44所示。

（12）制作主题文字，输入“绿水青山”，选择跟整体风格和气质比较相符的字体，如楷体，字号为36，颜色还是深绿色。将文字错位排列，如图8-45所示。

（13）增加文字效果。为其增加图层样式“外发光”和“投影”效果，参数如图8-46、图8-47所示，并绘制图形搭

图8-43 “绿水”形状

图8-44 选择“加深工具”

图8-45 文字错位排列

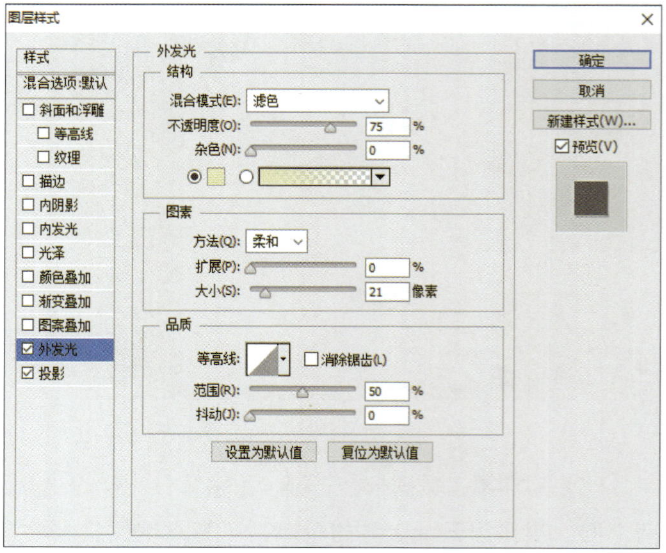

图8-46 “外发光”图层样式参数

配文字，丰富画面层次，最终效果如图8-48所示。

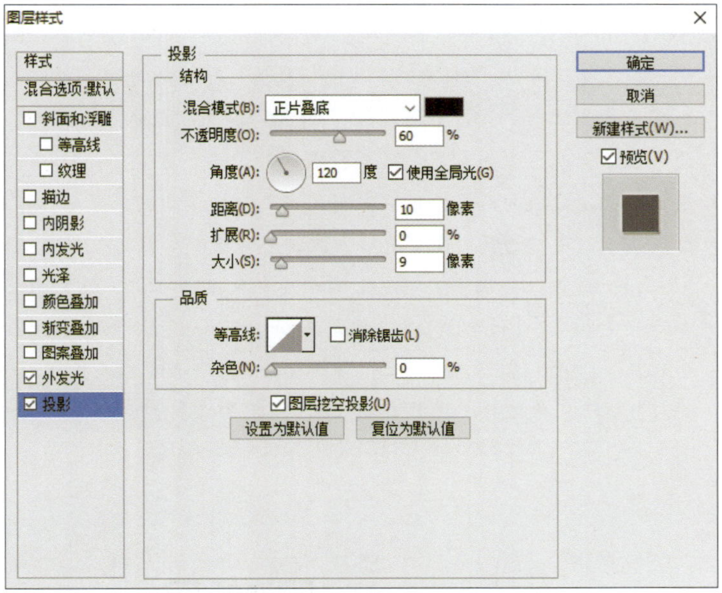

图8-47 “投影”图层样式参数

图8-48 完成文字效果

（14）在画面下方增加素材，这个素材除了起装饰的作用，也可以使画面更“稳”，如果有“头重脚轻”的感觉，应相应降低“不透明度”。在画面比较空的地方用远山的效果来进行装饰，突出想要的意境，图片样式改为“正片叠底”，如图8-49所示。

图8-49 增加远山素材

（15）适当地增加其他素材作为装饰。素材除了有装饰的作用之外，还要突出主题，不能喧宾夺主，应点到即止，如图8-50所示。

图8-50 增加其他素材

（16）最后设置画面的“色彩平衡”，来统一整体画面的色调。因为在加入了水墨素材之后会显得有点突兀，颜色数值不用太高，如图8-51所示。

图8-51　完成设计

经验指导

在工具箱当中，“渐变工具”选项包括：1. 线性渐变，以直线或角度线的形式表达渐变效果；2. 径向渐变，以起点到终点为半径，绘制中心向四周扩散或放射的形式来表达渐变；3. 角度渐变，以直线为起点，以顺时针的形式呈现渐变效果；4. 对称渐变，以中心为轴，向两边延伸出相同的渐变。其选项框中，【反向】：选中此复选框，填充后的渐变颜色刚好与用户设置的渐变颜色相反。【仿色】：选中此复选框，可用递色法来表现中间色调，使渐变效果更加平顺。【透明区域】：选中此复选框，将打开透明蒙版功能，使渐变填充时可以应用透明设置。

任务4
图像绘制——国宝熊猫

国宝熊猫

任务目标：

1. 学习使用“选择工具组”的方法
2. 熟练掌握“形状工具组”的使用方法

任务说明：

在进行卡通形象绘制时，以下是一些注意事项：

1. 使用图层：利用图层来组织绘图工作。将不同的元素和特征放在不同的图层上，例如身体、头发、眼睛、嘴等，这样可以更方便地进行编辑和调整。

2. 使用形状工具：Photoshop 提供了各种形状工具，如椭圆工具、矩形工具和自定义形状工具等。利用这些工具来绘制基本的身体部位和特征，如头部、躯干、手臂和腿等。

3. 控制线条和曲线：卡通形象通常具有简洁的线条和流畅的曲线。使用Photoshop的画笔工具和路径工具来绘制线条和曲线，尽量保持简洁、流畅，具有有趣的外观。

完成过程：

（1）新建文档，快捷键为“Ctrl+N”，尺寸为1 200像素×1 200像素，分辨率为300像素/英寸，命名为“国宝熊猫”，如图8-52所示。

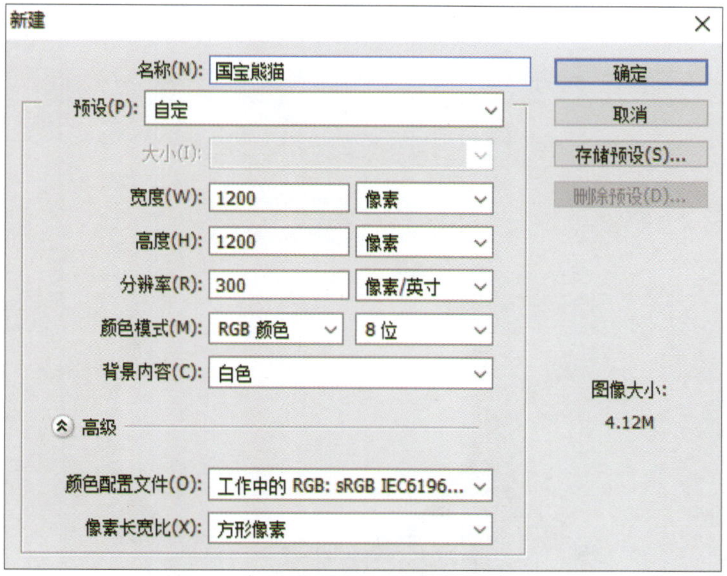

图8-52　新建文档

（2）新建图层，填充颜色为黄绿色“afce36”，双击该图层给它添加一个“图案叠加”图层样式，选择浅灰石纹图案，增加背景的空间感，如图8-53所示。

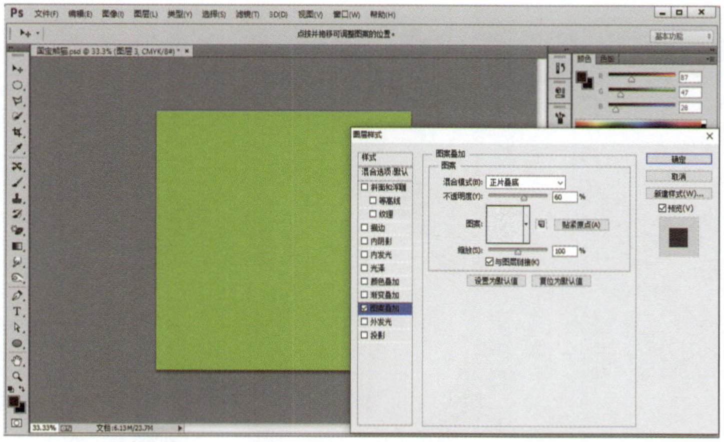

图8-53　增加纹理材质

（3）使用“钢笔工具”选择“形状”模式，勾勒出熊猫身体的轮廓，先进行大体形态的勾勒，之后可根据头部比例进行调整，勾勒好之后填充颜色“572f1c”，如图8-54所示。

图8-54　勾勒身体轮廓

（4）用同样的方法勾勒腹部轮廓，勾勒完成之后可用“直接选择工具”调整细节，用删除锚点工具删除多余的锚点，让线条更加顺滑，如图8-55所示。

图8-55　调整细节

(5）绘制熊猫头部可选用“椭圆工具”，绘制基本形后再使用“直接选择工具”调整锚点的具体位置，如图8-56所示。

图8-56　绘制头部

（6）使用同样的方法，首先使用“椭圆工具”绘制一端的耳朵，然后按下“Alt”键移动复制出另一端的耳朵，最后使用“直接选择工具”调整形态，并调整图层顺序使耳朵显示于头部后方，如图8-57所示。

图8-57　绘制耳朵

（7）绘制一侧的眼睛，可以以层次叠加的方式进行。先绘制眼眶的部分，进行细节调整之后再增加眼球的部分，让它更可爱灵动，如图8-58所示。

图8-58　绘制一侧眼睛

（8）制作眼球部分，首先，用椭圆工具画一个正圆，将它填充为黑色，再复制两个填充白色的圆作为高光部分，做好之后将这四个图层通过快捷键“Ctrl+G”编组，如图8-59所示。

图8-59　编组眼部图层

（9）绘制另一侧的眼睛，首先复制眼部图层组，然后通过快捷键“Ctrl+T”自由变换，右击进行水平镜像翻转，最后进行角度、位置的调整，如图8-60所示。

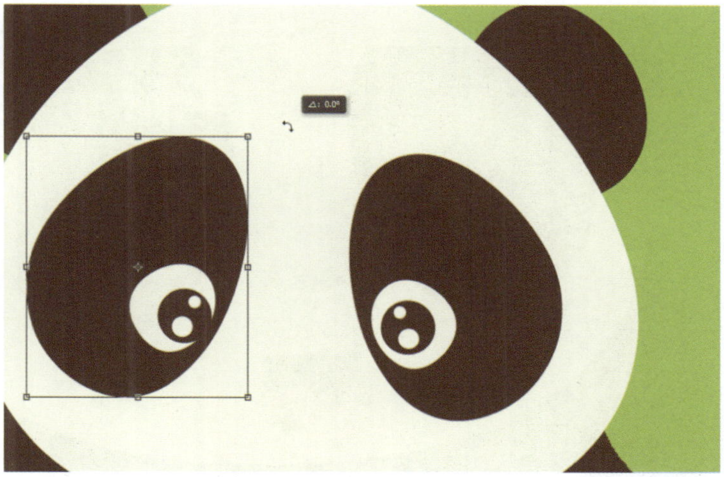

图8-60　完成眼部绘制

（10）绘制“嘴部”形状，使用“钢笔工具”选择“形状”模式，填充与眼睛一样的颜色，如图8-61所示。

图8-61　绘制嘴部形状

（11）绘制内部区域的时候应在“路径操作”模块选择“与形状区域相交”，这样就可以一次性绘制成功，如图8-62所示。

（12）绘制竹子部分时依然使用“钢笔工具”，绘制的时候注意竹子的转折变化，如图8-63所示。

（13）最后增加竹节的层次和脸部的细节，完成设计。如图8-64所示。

图8-62 完成嘴部绘制

图8-63 竹子的转折变化

图8-64 增加细节

经验指导

在绘制卡通形象之前，首先规划和设计将要绘制的角色。考虑角色的外貌、特征和表情等方面，以便在绘制过程中有一个明确的目标。在绘制卡通形象时，注意保持角色的比例和形态。不同部位之间的比例应该协调，例如头部和身体的比例、手臂和腿的长度等。

拓展训练

当以“十二生肖”形象为基础素材进行图形图案设计时，以下是一些补充设计建议：

1. 个性化表达：每个生肖有不同的特征和象征，尝试通过图案设计来突出每个生肖的个性特点。同时在设计中，要注意平衡和协调不同生肖之间的关系。尽量使每个生肖在图案中都能得到适当的呈现，避免某些生肖被过于突出而其他生肖被忽视。

2. 创造力和想象力：鼓励发挥创造力和想象力，将生肖与其他元素进行结合，设计出独特而有趣的图案。例如，将生肖与自然元素、几何图形相结合，创造出新颖的效果。

3. 细节和精确度：在图案设计中注重细节和精确度。生肖的特征和细节可以通过线条、纹理和阴影等元素来表现，使设计效果更加生动和有趣，示例如图8-65所示。

图8-65 “十二生肖”图形图案设计

模块九

综合设计——Photoshop CC设计实力展现

知识目标

掌握Photshop软件在图标绘制、交互设计和环境艺术设计效果图，以及电商视觉方面的处理与应用。

能力目标

1. 掌握“创建剪切蒙版”制作光泽效果的方法。
2. 学习“图层样式”的应用方法，做出逼真拟物的效果。
3. 掌握“图层样式”中混合选项的应用方法。
4. 掌握文字排版应用技巧。

素质目标

形成一定的设计创新能力，培养科学思维和艺术创作思维。

传达积极的设计态度，树立正确的设计理念。

重点难点

重点：掌握“图层样式”中混合选项的应用方法。

难点：学习“滤镜”与“图层样式”的应用方法，做出逼真拟物的效果。

参考学时

任务1 智能终端——Icon图标设计	1课时
任务2 畅游网络——用户界面设计	1课时
任务3 完美优化——中山战国文化馆设计	1课时
任务4 电商营销——中医文化养生	1课时

任务1

智能终端——Icon图标设计

Icon 图标设计

任务目标：

1. 掌握“创建剪切蒙版”制作光泽效果的方法
2. 学习“图层样式”的应用方法，做出逼真拟物的效果

任务说明：

在本任务中我们将制作手机中拟物化的App图标，即制作一枚UI图标。在制作过程中掌握编辑定义图案的技巧，并应用到网页、手机界面的背景中。

完成过程：

（1）新建文件，名称为“水果图标”，大小为800像素×800像素，颜色模式为RGB颜色，分辨率为72像素/英寸，如图9-1所示。

（2）创建一个高为512像素，宽为512像素，半径为90像素的圆角矩形，添加“颜色叠加”图层样式，单击工具箱中的前景色色块，在打开的“拾色器”对话框中设置颜色为墨绿色RGB（90，105，20），如图9-2所示。

（3）复制矩形图层，通过快捷键“Ctrl+T”自由变换，

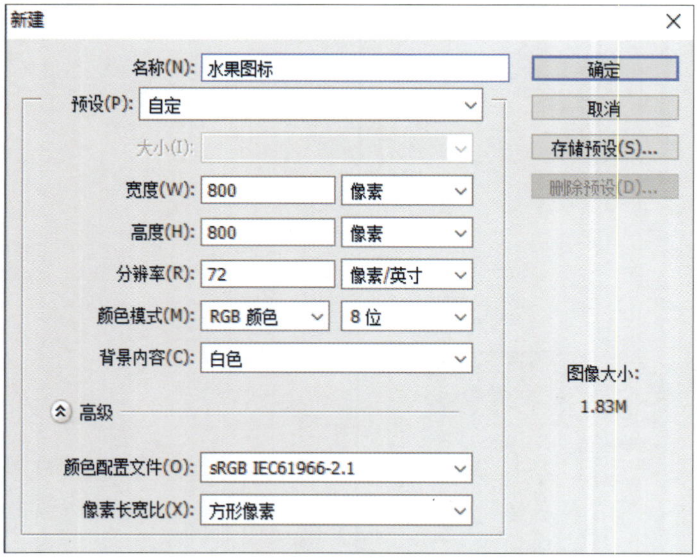

图9-1　新建文件1

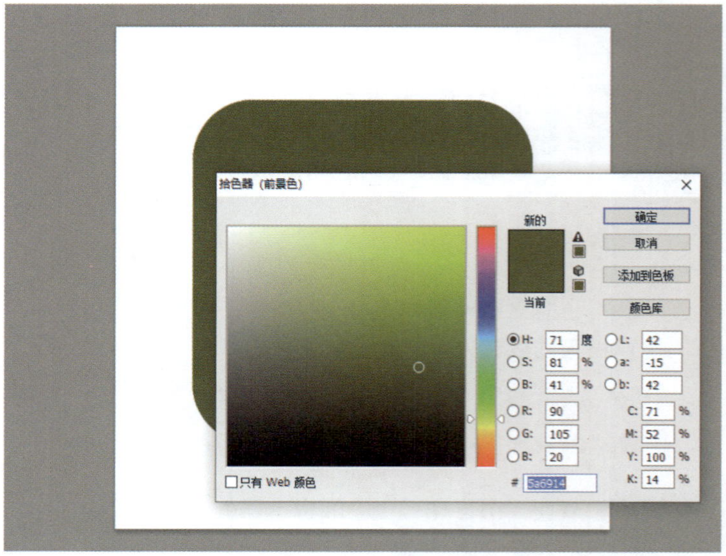

图9-2　颜色选择

然后按下快捷键“Shift+Alt”缩放该矩形大小为“高度458像素，宽度458像素”，添加“渐变叠加”图层样式，渐变为中国红，调整样式为“径向”，如图9-3所示。

（4）再次复制矩形图层，按下快捷键“Ctrl+T”自由变换，然后按下快捷键“Shift+Alt”缩放该矩形，大小为“高度485像素，宽度485像素”，添加“颜色叠加”图层样式，颜色为白色，不透明度为90%，效果如图9-4所示。

（5）绘制“水果图标”的水果籽部分，先使用“椭圆工具”绘制一个椭圆形，在图层添加“内发光”、“渐变叠加”和“投影”图层样式，具体设置如图9-5、图9-6、图9-7所示。

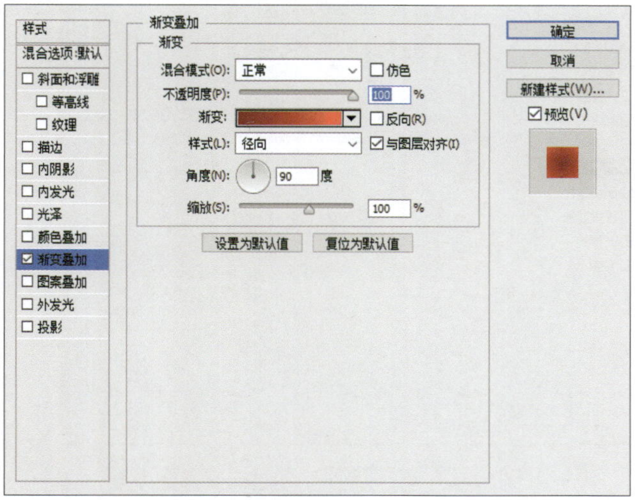

图9-3 “渐变叠加”图层样式参数设置1

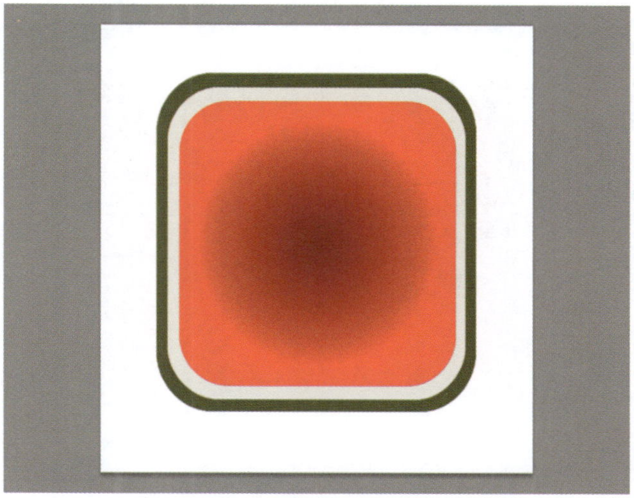

图9-4 添加层次后效果

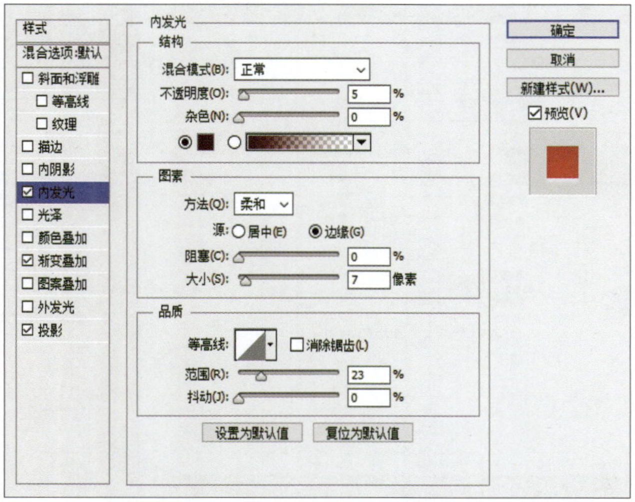

图9-5 “内发光”图层样式参数设置

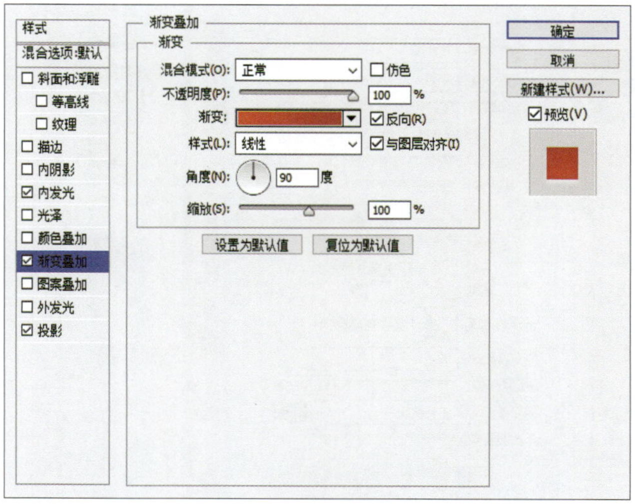

图9-6 “渐变叠加”图层样式参数设置2

（6）在已有的“椭圆图层”基础上再创建一个“椭圆1”图形，添加“颜色叠加”“斜面和浮雕”图层样式，修改参数，如图9-8、图9-9所示。

（7）添加“内阴影”图层样式，如图9-10所示，选择图层，通过快捷键“Ctrl+G”编组，按住“鼠标左键+Alt键”拖曳复制图层。

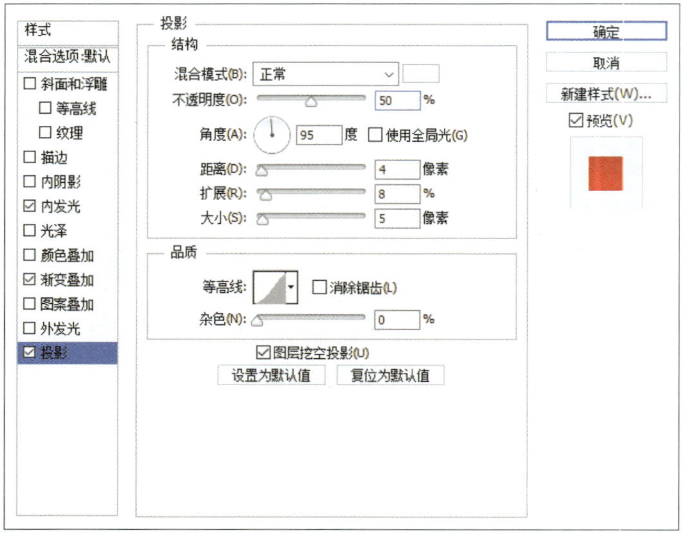

图9-7 “投影”图层样式参数设置1

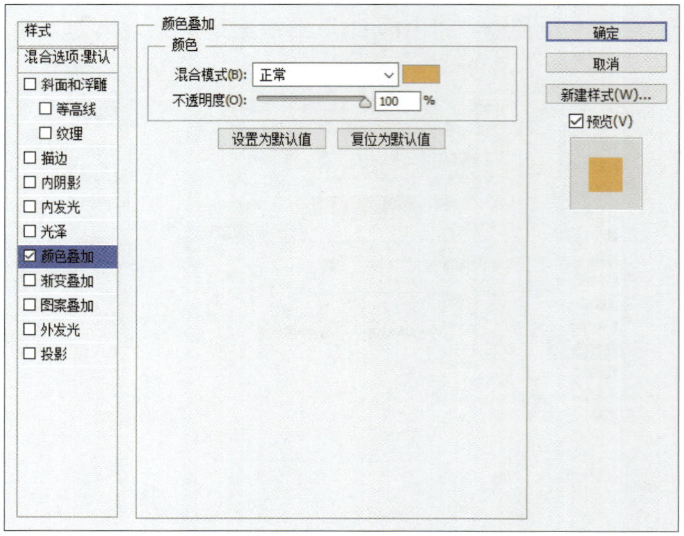

图9-8 “颜色叠加”图层样式参数设置

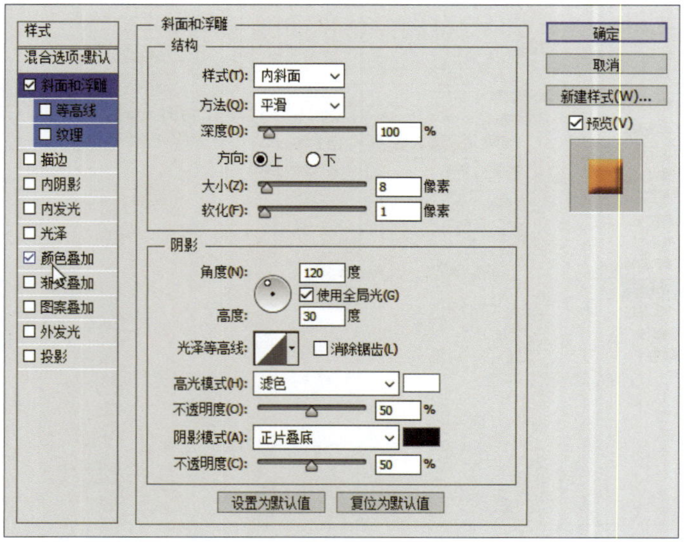

图9-9 “斜面和浮雕”图层样式参数设置

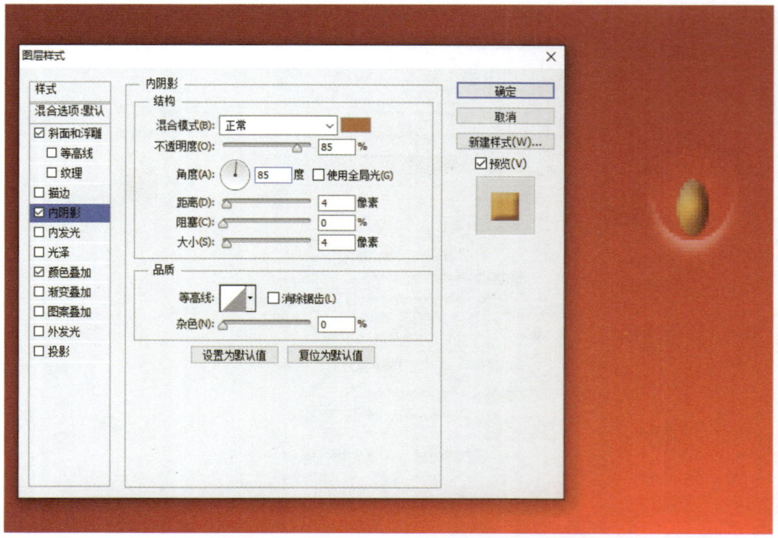

图9-10 “内阴影”图层样式参数设置

（8）使用快捷键“Ctrl+T”调整“水果籽”图层位置和大小，根据光效稍微调整“水果籽”的颜色，让画面更有美感，如图9-11所示。

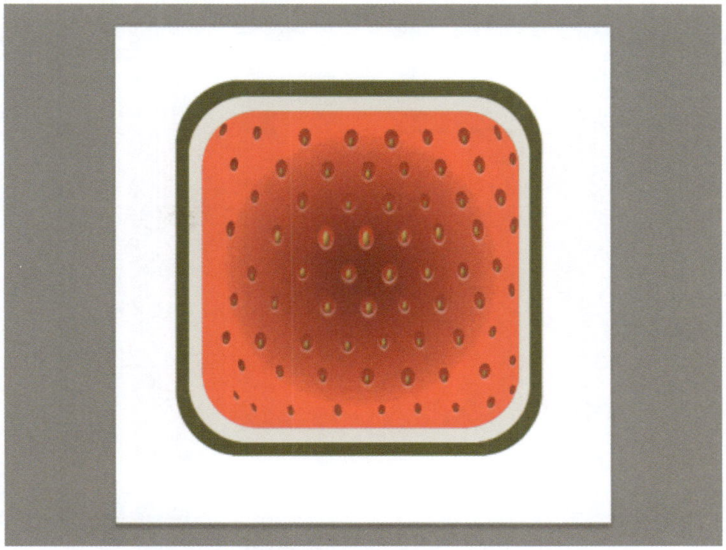

图9-11 调整后的效果

（9）新建图层，快捷键为“Ctrl+Shift+N”，在新图层上使用“钢笔工具”绘制表皮细节，通过快捷键“Ctrl+Enter”建立选区，如图9-12所示。

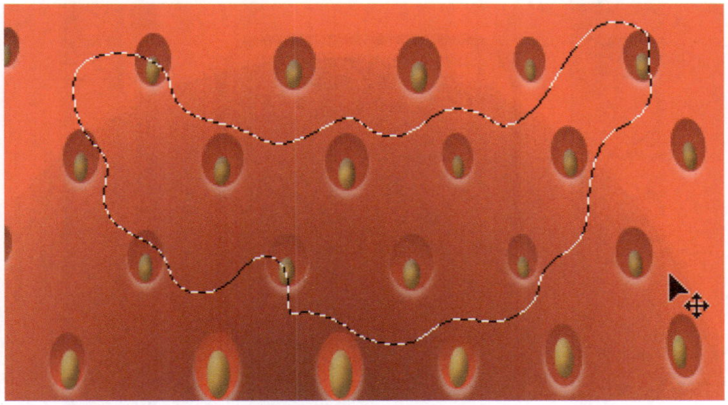

图9-12 建立选区

（10）绘制水果皮光泽效果，右击图层选择“栅格化图层”，按下“Alt”键并单击图层创建剪切蒙版，填充颜色为白色，降低不透明度为51%，如图9-13所示。

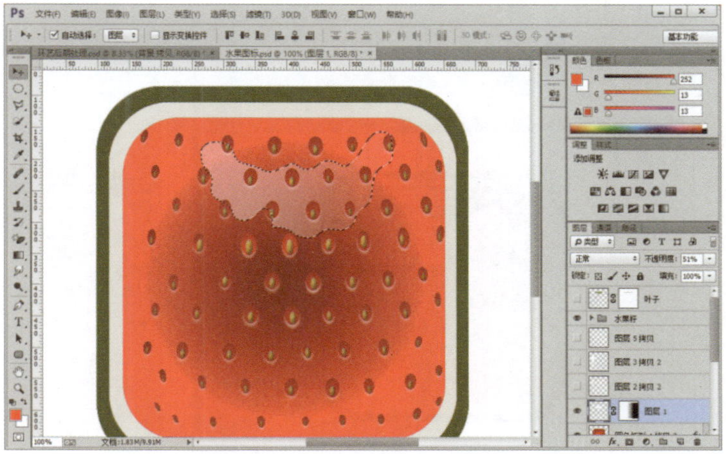

图9-13 水果皮光泽效果设置

添加其他光泽图层，可使用“橡皮擦工具”修改不透明度，对边缘部分进行“擦除”，效果如图9-14所示。

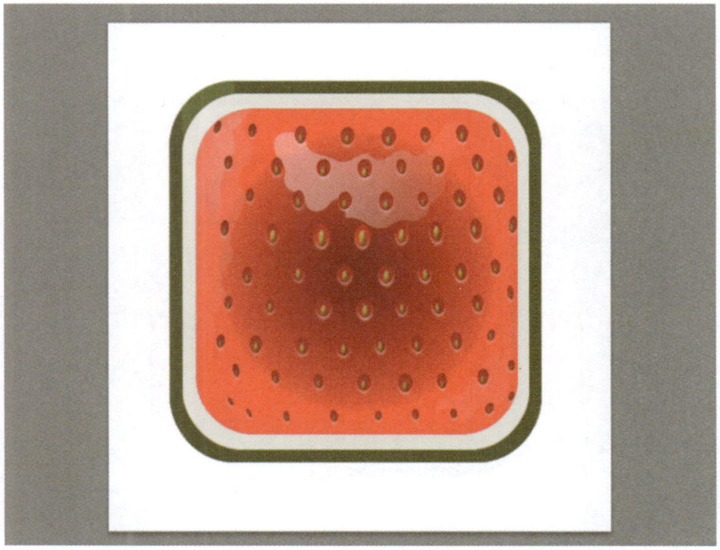

图9-14 水果皮光泽效果

（11）使用“钢笔工具”绘制叶子部分，通过快捷键“Ctrl+J”复制图层，添加“颜色叠加”图层样式，移动图层“向上”，通过快捷键“Ctrl+T”自由变换，选择“变形”，调整图层形状，如图9-15所示。

图9-15　绘制叶子部分

使用“钢笔工具”绘制细节，通过快捷键“Ctrl+Enter”建立选区，填充高光色，降低不透明度，调整“高斯模糊”，具体设置如图9-16所示。

图9-16　“高斯模糊”对话框参数设置

使用“加深工具”对边缘进行“涂抹”，进行细节绘制，添加“投影”图层样式，具体设置如图9-17所示。

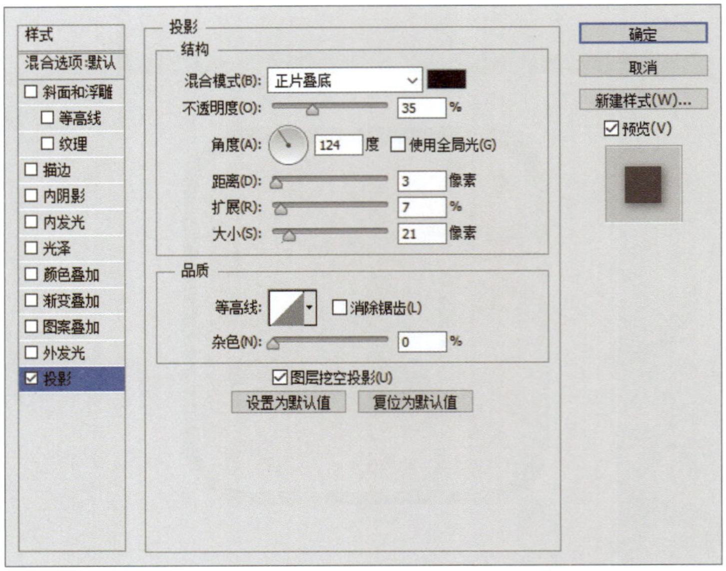

图9-17　“投影”图层样式参数设置2

（12）选择图层，通过快捷键“Ctrl+G”编组、“Ctrl+J”复制图层、“Ctrl+E”合并图层，使用“选框工具”选择上方多余的部分，按“Delete”键删除，如图9-18所示。

图9-18　调整色彩平衡

（13）最后加强对比度，按“Alt”键并单击需要弱化的图层，建立选区，通过快捷键“Alt+Delete”填充一个“从黑色到白色”的“渐变”，让图片更加真实，完成后的图标如图9-19所示。

图9-19　加强对比度

Ps

经验指导

App图标设计注意事项：

1. 图标规格：按照图片使用规格进行设置。

2. 图标含义：图标要简约美观，让人第一眼看到后就明白其含义。

3. 图标类型：可分为图形类、英文类、汉字类等。

任务2

畅游网络——用户界面设计

用户界面设计

任务目标：

掌握“图层样式”中混合选项的应用方法

计任务说明：

在本任务中我们将做一款音乐播放器按钮的UI设计，通过按钮的制作来掌握“图层样式”中混合选项的应用方法，尤其是“渐变叠加”“内阴影”“内发光”“投影”选项的巧妙配合。利用图层样式的设置可以制作网页按钮、手机界面按钮等。

完成过程：

（1）新建文件，名称为“按钮”，大小为1 000像素×500像素，颜色模式为RGB颜色，分辨率为72像素/英寸，并在背景图层上填充颜色RGB（50，54，60），效果如图9-20所示。

图9-20　填充颜色后的背景图层

（2）选择椭圆工具在画面中心绘制一个白色正圆，得到的图层命名为“圆环”，然后在椭圆工具选项栏中选择“减去顶层形状”命令，在中心绘制小一点儿的正圆，从而得到白色圆环形状，如图9-21所示。

图9-21　填充圆环后效果

（3）设计柔和的边界线，右击圆环图层，选择栅格化图层命令，确定后对圆环图层执行“滤镜→模糊→高斯模糊”命令，将半径设置为8像素，使边界线更加柔和，如图9-22所示。

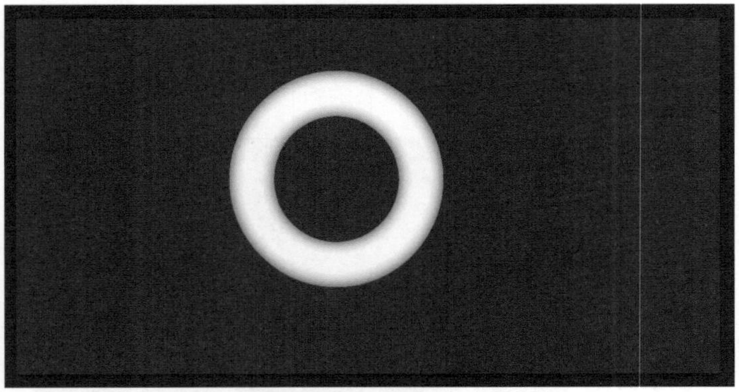

图9-22　高斯模糊后的圆环

（4）在圆环图层设计凸出效果。双击圆环图层打开图层样式面板，将混合选项的填充不透明度设置为0，选择“斜面和浮雕”选项，样式为内斜面，深度为1 000%，大小为35像素，软化为10像素，角度为90度，高度为35度，高光和阴影模式的不透明度分别为30%、26%，其效果如图9-23所示。

图9-23　添加图层样式后的圆环

（5）制作基本按钮，选择椭圆工具在圆环中心绘制正圆，图层命名为“基本色”，双击基本色图层将混合选项中的填充不透明度设置为0，选择“渐变叠加”选项，其设置和效果如图9-24、图9-25所示。

（6）为按钮添加发亮效果，复制基本色图层，命名为“发亮”，右击发亮图层选择清除图层样式命令，双击发亮图层打开图层样式面板，将混合模式中的不透明度设置为18%，填充不透明度为0，其效果如图9-26所示。

（7）制作按钮被按下效果，复制发亮图层，将得到的图层命名为“顶面”，右击清除图层样式。双击顶面图层的缩略图，弹出拾色器设置对话框，将颜色设置为RGB（31，33，37）。按“Ctrl+T”键进行自由变换，缩小顶面图层的圆形，双击顶面图层打开图层样式面板，选择“渐变叠加”选项，不透明度为35%，角度为90度，缩放为150%，选择“内发光”增强质感，不透明度为1%，杂色为100%，阻塞为0，大小为250像素，得到效果如图9-27所示。

（8）制作暂停按钮，选择矩形工具在图层最上方绘制暂停图标，将得到的形状图层命名为“暂停”，并为暂停图标添加发光效果。双击暂停图层打开图层样式面板，选择“外发光”选项，设置颜色为RGB（255，180，0），选择“投影”选项，设置颜色为RGB（255，108，0）。如图9-28、图9-29所示。

最终得到如图9-30所示暂停按钮。

制作快进、快退等按钮，全选暂停按钮图层，并新建分组，在复制分组后更改按钮，调整按钮的大小和位置，得到播放器最终效果，如图9-31所示。

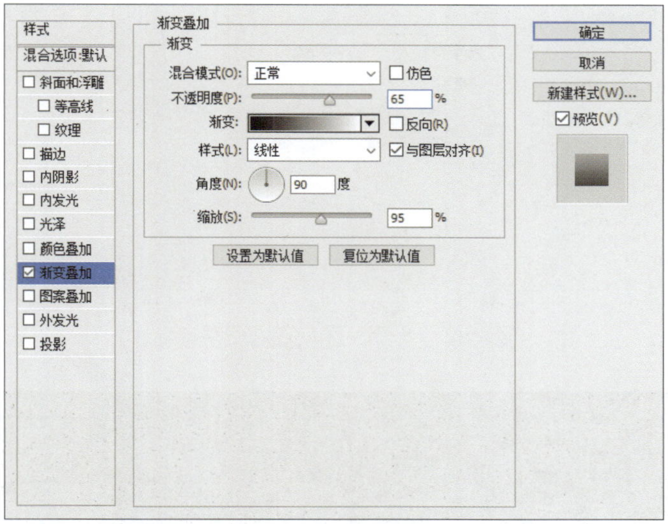

图9-24 “渐变叠加”图层样式参数设置3

图9-25 渐变叠加后的效果

图9-26 添加图层样式后的效果

图9-27 添加混合选项后的效果

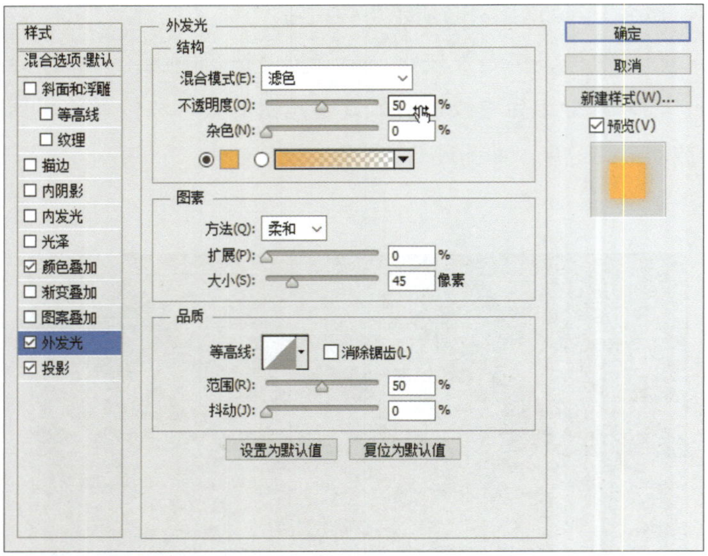

图9-28 “外发光”图层样式参数设置1

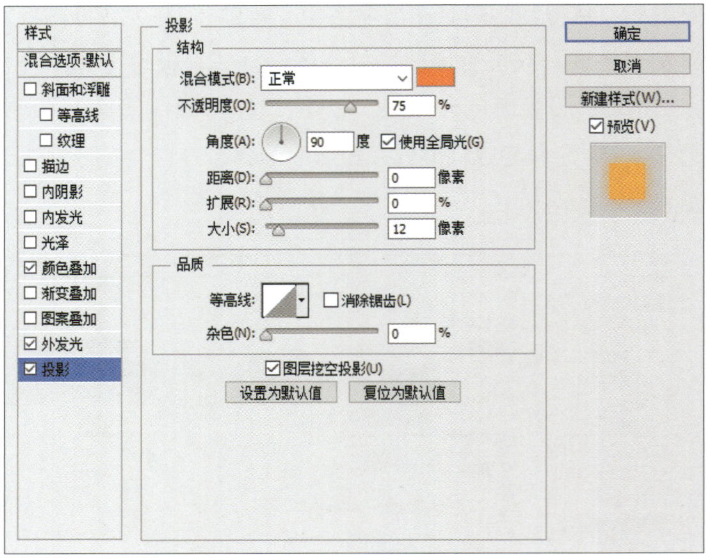

图9-29 “投影”图层样式参数设置3

图9-30 暂停按钮的最终效果

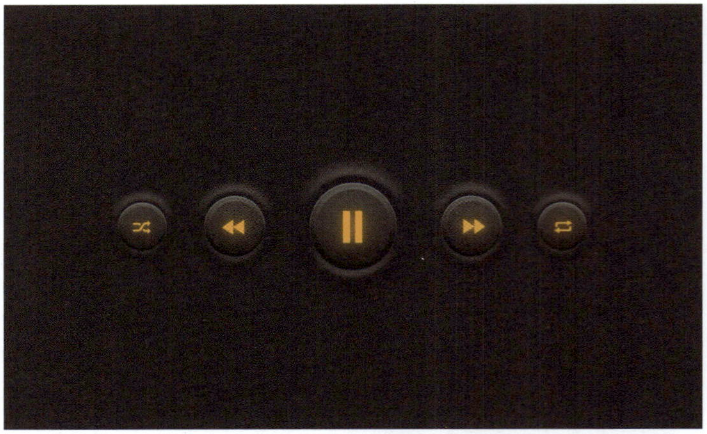

图9-31 设计完成

Ps

经验指导

界面设计不是单纯的美术绘画，它需要定位使用者，使用环境、使用方式是为最终用户设计的，它是纯粹的、科学性的艺术设计。因为需要考虑最终用户的感受，所以界面设计要和用户研究紧密结合，是一个不断为最终用户设计满意视觉效果的过程。

坚持以用户体验为中心设计原则，界面直观简洁，操作方便快捷，用户接触软件后，界面功能一目了然。

任务3

完美优化——中山战国文化馆设计

中山战国文化馆设计

任务目标：

掌握使用Photoshop对室内效果进行后期美化处理的技巧

任务说明：

使用Photoshop对室内效果进行后期美化处理，通常我们用3ds Max VR渲染出来的图会发灰、发暗，光感不是很好，所以在Photoshop中的后期处理就很重要。

完成过程：

（1）打开一张做好的中山战国文化馆设计效果图，如图9-32所示，首先分析图片，然后从整体入手，将需要处理的地方列出来。画面整体偏暗，墙面有些灰。

图9-32　中山战国文化馆设计效果图

（2）合并“背景 副本”图层和“背景”图层，然后复制图层，将图层的混合模式设置为“滤色”，并通过调整参数调整效果图的亮度，效果如图9-33所示。

图9-33　整体调整后效果

（3）通过调整“背景 拷贝”图层的不透明度，来控制效果图亮度叠加的强弱，效果如图9-34所示。

（4）为效果图加入窗外的环境光，将“背景 拷贝”图层和“背景”图层合并，并再复制一次，在复制的图层上选择窗口像素载入选区，并添加图层蒙版，执行“图像→调整→曲线”菜单命令，打开“曲线”对话框，选择“蓝”通道，拖动曲线进行调整，如图9-35和图9-36所示。

（5）做局部的调整，为图像加入灯光效果，本任务效果图中有点光源，因此只需调亮灯光效果即可。新建图层，选择“椭圆选框工具”，设置“羽化半径”为10像素，在需要增加灯光效果的地方拖动鼠标绘制一个椭圆选区，如图9-37所示。

图9-34　调整不透明度后效果

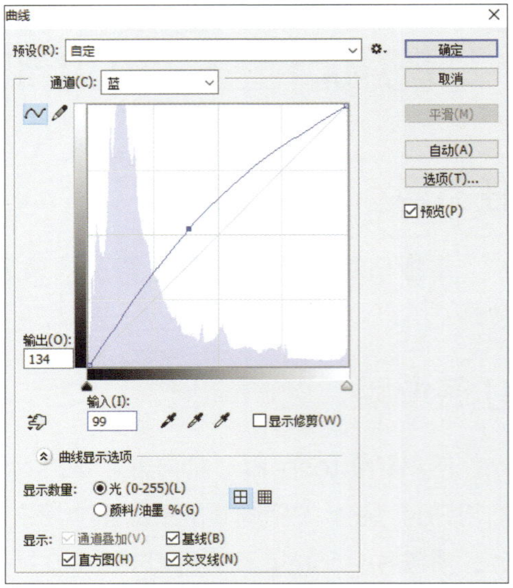

图9-35　“曲线”对话框

图9-36　加入环境光后的效果

图9-37　绘制椭圆选区

（6）设置“前景色”为白色，按快捷键“Alt+Delete”填充椭圆选区为白色。填充完成后，保持选区不取消，按快捷键“Ctrl+T”调出自由变换选框，对选区中的图像进行调整，在调整的过程中按住“Ctrl”键同时拖动自由变换选框底部的两个控制点进行调整，再根据实际效果调整图层的“不透明度”，调整后的效果如图9-38所示。

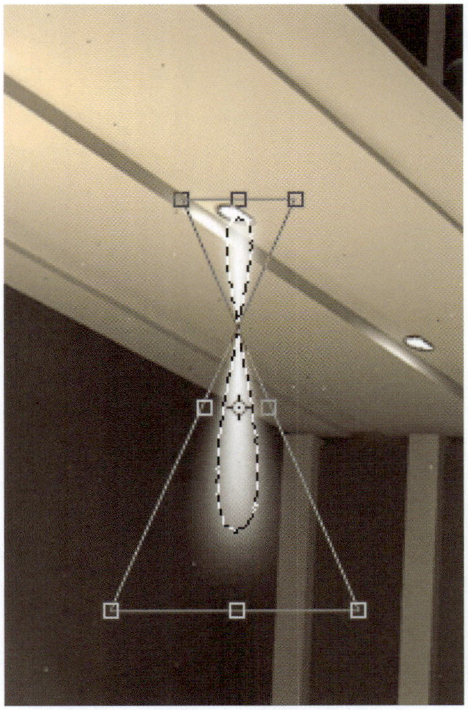

图9-38 调整椭圆选区中图像的形状

（7）再次使用“椭圆选框工具”，选中上半部分的光效并将其删除，然后将下半部分的光效调整到合理的位置，效果如图9-39、图9-40所示。

图9-39 选中上方多余光效并删除

图9-40 调整下方光效后的效果

（8）执行“复制图层”命令为其他灯添加光效。选中“光源图层”并右击，在弹出的快捷菜单中选择“复制图层”命令，如图9-41所示，打开“复制图层”对话框，复制光效图层，然后适当调整光效的位置使其与灯匹配，调整图层的“不透明度”，使灯光的效果更自然，完成灯光效果的调整。

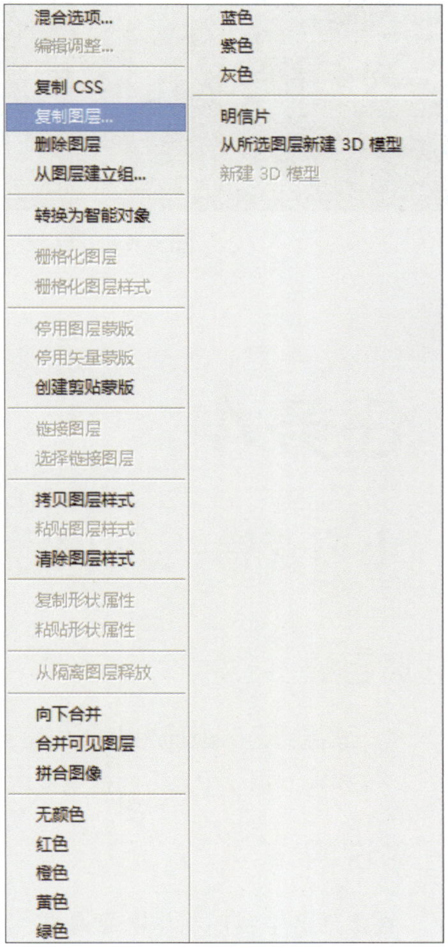

图9-41 “复制图层”命令

（9）至此，室内效果图就基本调整完了。如果还需要进行细部的微调，可以使用“椭圆选框工具”，更改“羽化半径”。本任务最终效果如图9-42所示。

图9-42　最终效果

经验指导

Camera Raw滤镜的五大功能：

（1）调色：我们平时看到的照片或多或少都存在偏色和气氛渲染不到位等问题，对此可以使用Camera Raw滤镜对照片进行调色。

（2）增加质感：前面介绍过使用“曲线”“色阶”“亮度/对比度”“饱和度”“色彩平衡”等命令增强图片质感的操作，当然，也可以使用Camera Raw滤镜的“对比度”“清晰度”“锐化”来调整，能令人物、产品的质感快速提升。

（3）磨皮：使用Camera Raw滤镜的“减少杂色”功能能快速修复人物脸部的瑕疵，让色调更平衡。

（4）后期：在实际工作中，Camera Raw滤镜也提供了简单有效的镜头校正、效果增强、相机校准等功能。

（5）统一标准：这是Camera Raw滤镜一个非常强大且方便的功能，可以通过“预设”功能中的“新建预设”实现多人合作，从而达到画面颜色的基本统一。

任务4

电商营销——中医文化养生

中医文化海报

任务目标：

1. 掌握Photoshop软件当中文字排版的使用方法
2. 掌握“形状工具”的使用技巧

任务说明：

在本任务中我们制作电商海报，通过这个案例我们将进一步掌握在Photoshop软件当中文字排版的使用方法，以及“形状工具”的使用技巧，从而使文字和图形更好地结合，突出产品的特性、统一性。

完成过程：

（1）新建一个文件，快捷键为“Ctrl+N”，设置宽度为790像素，高度为1 000像素，分辨率为72像素/英寸，选择RGB颜色模式，命名为“中医养生”，如图9-43所示。

（2）新建图层，命名为“背景渐变”，添加“渐变色”，使用线性渐变绘制，如图9-44所示。

（3）选择减淡工具，画笔为柔边圆，大小为200像素，曝光值为50，鼠标从上到下单击并拖曳，选择箭头指向位置，在图层边缘处进行减淡，设计出背景，效果如图9-45所示。

（4）打开素材文件夹，找到需要的素材，如图9-46所示。增加蒙版，使用柔光画笔在蒙版上进行涂抹，减弱素材边缘。

（5）使用“钢笔工具”绘制光束形状，单击“建立选区”，设置“羽化半径”为36像素，勾选“消除锯齿”，如图9-47所示。

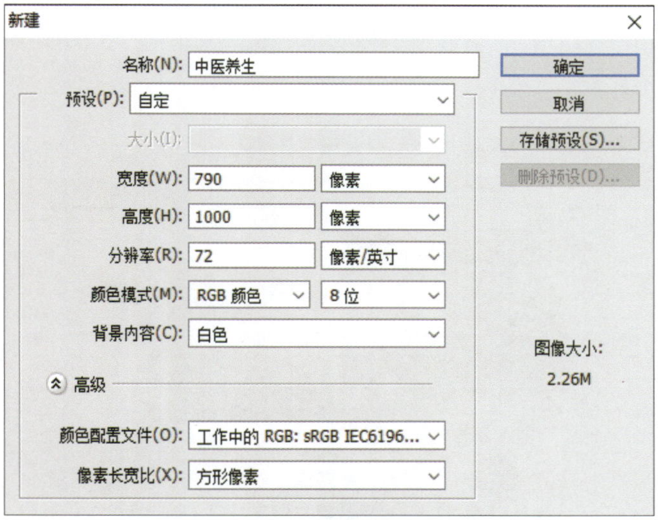

图9-43 新建文件2

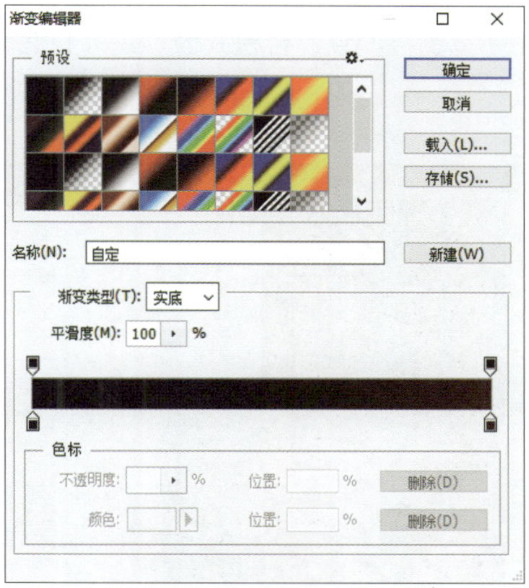

图9-44 添加渐变色

图9-45 背景效果

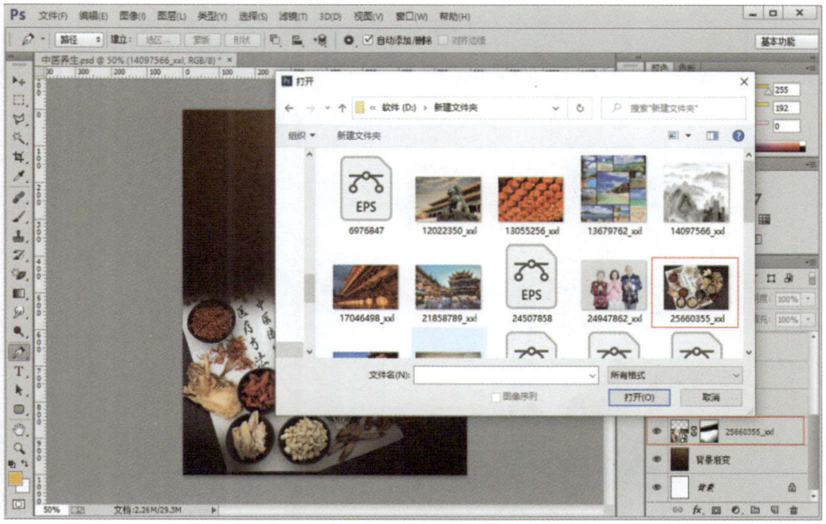

图9-46 添加素材

（6）新建图层并填充颜色HSB（45，100，100）形成光束效果，为了效果更柔和逼真，对该图层执行“滤镜→模糊→高斯模糊”菜单命令，如图9-48所示。

（7）在图层样式面板中，设置混合模式为“滤色”、不透明度为45%，可将光束图层多次复制并对上层复制图层进行透视变形，按快捷键“Ctrl+T”，右击选择“透视”，如图9-49所示。

（8）打开素材文件夹，找到需要的素材并增加蒙版，再次使用“渐变工具”，默认设置，前景色为黑色，背景色为白色，鼠标从上到下单击并拖曳，设置混合模式为“正片叠底”、不透明度为80%，最后调整素材图层和光束复制图层的上下顺序，如图9-50所示。

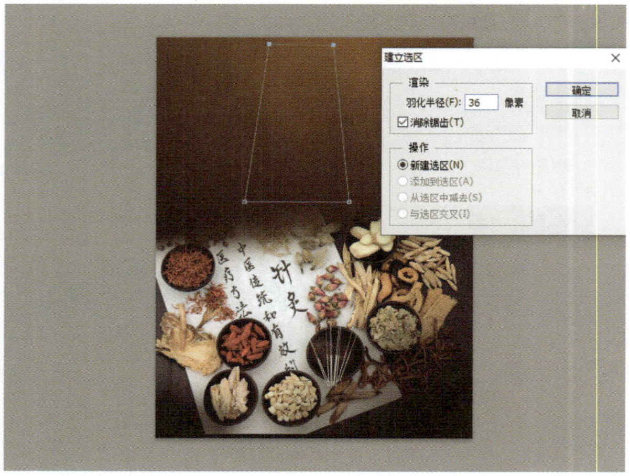

图9-47　绘制光束形状

图9-48　设置光束效果

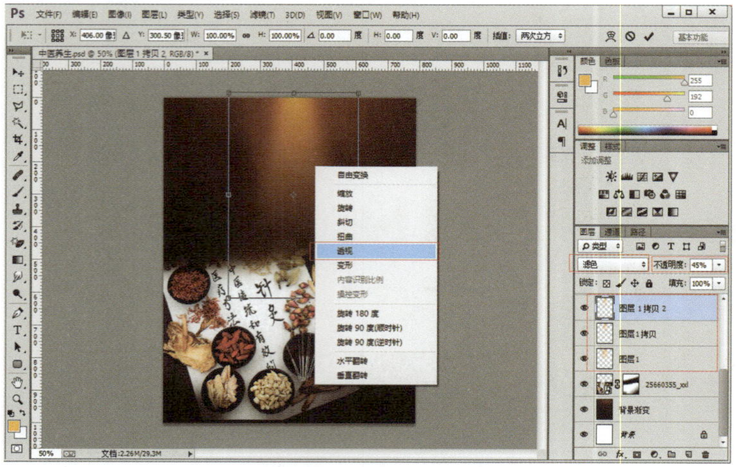

图9-49　进行光束图层透视变形

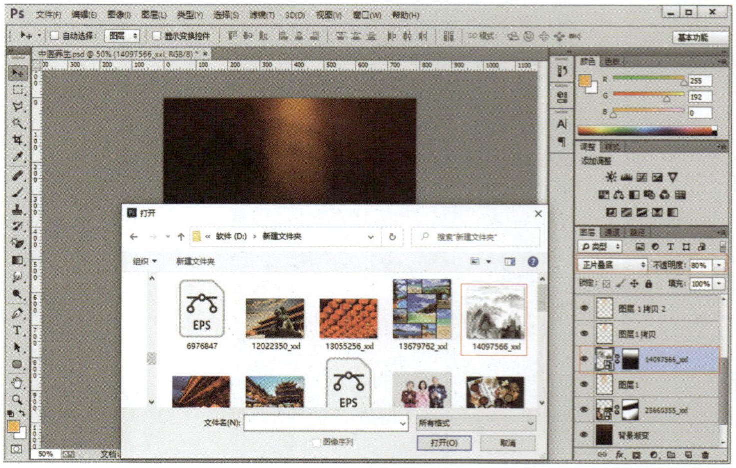

图9-50　蒙版制作实景到消失渐变

（9）在画面中心绘制羽化值为50%的正圆选区，使用“椭圆选区”工具，同时按住快捷键“Shift+Alt”从中心扩展一个正圆。新建图层并填充前景色为HSB（45，100，100），设置混合模式为“滤色”、不透明度为20%，如图9-51所示。

（10）接下来我们选择“图层”面板下方的“创建新的填充或调整图层”→“曲线”，如图9-52所示。

（11）使用画笔工具，选择当中的“星形”画笔，大小设置为200像素，填充橙红色。在新建图层上混合模式选择“线性减淡”并使用自由变换工具，通过快捷键“Ctrl+T”调整图形的形状，如图9-53所示。

（12）单击“文字工具”，添加广告语“中药　养颜”，字体为楷体，字号为140。复制文字图层，并右击进行栅格化图层、填充渐变色操作，如图9-54所示。

图9-51　放置素材到合适位置

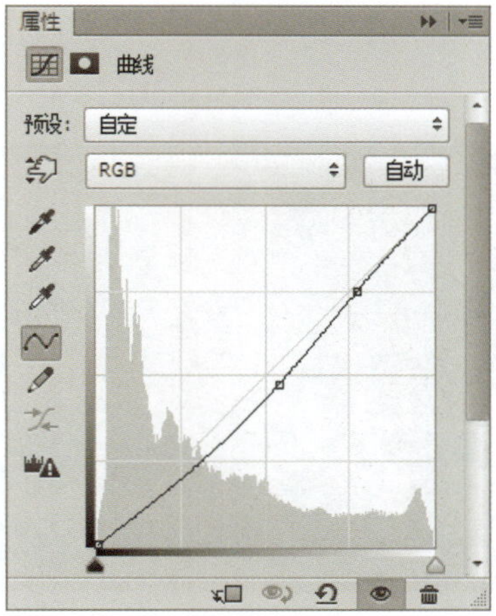

图9-52　“曲线”属性面板

图9-53　选择“星形”画笔

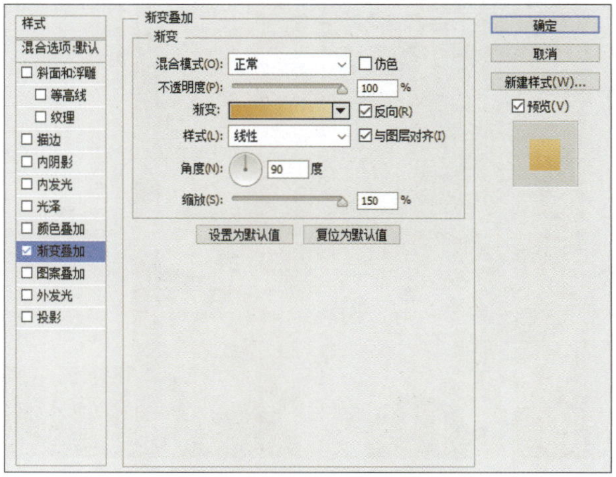

图9-54　填充渐变色

（13）单击“文字工具”，添加副标题“专注滋补百年”，字号调整为35，使用主标题的“渐变叠加”图层样式，如图9-55所示。

（14）复制副标题文字图层并添加“渐变叠加”图层样式形成文字的投影，如图9-56所示。

（15）选择圆角矩形工具，半径为16像素，颜色默认为前景色。描边为0.75像素，描边颜色选择“aa5509”，如图9-57所示。

（16）调整“圆角矩形”的图层样式为“渐变叠加”，参数如图9-58所示。“外发光”图层样式参数如图9-59所示。调整图层顺序，调整字体颜色，使得文字清晰可见。

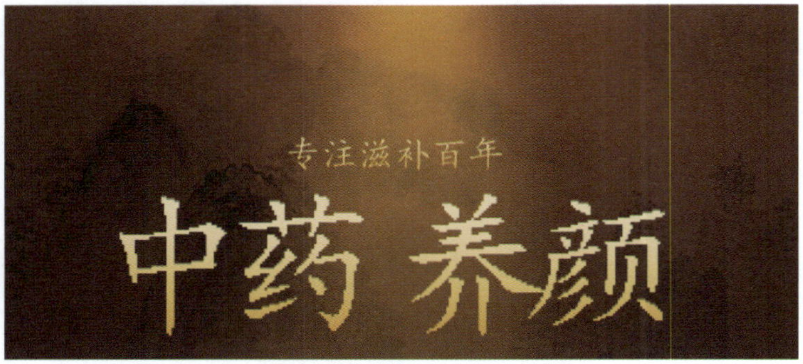

图9-55　添加副标题

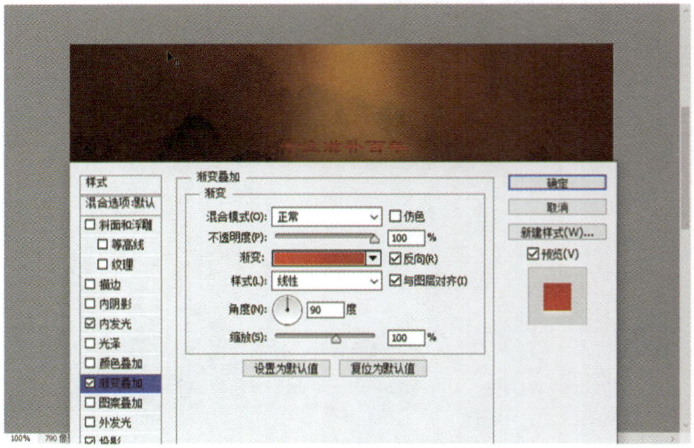

图9-56　增加副标题投影

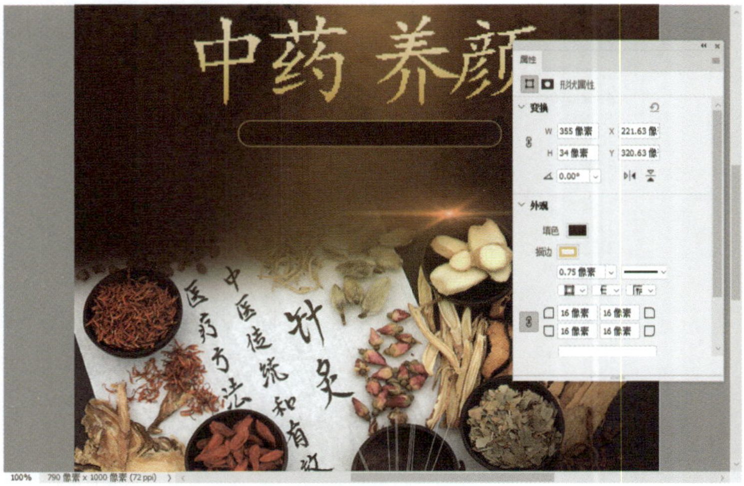

图9-57　设置文字背景圆角矩形

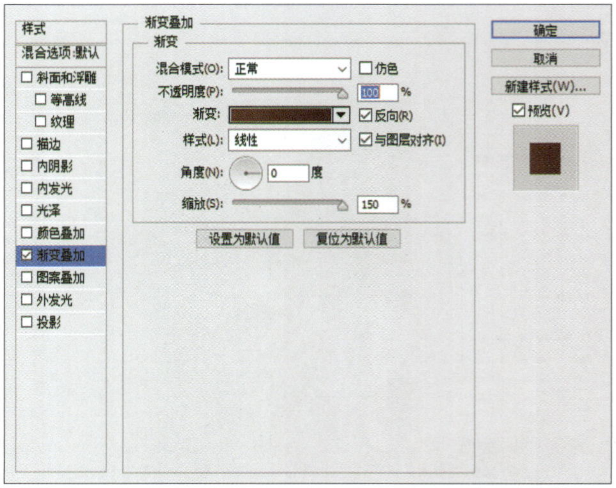

图9-58　“渐变叠加”图层样式参数设置4

（17）在“图层”面板选择顶部图层之后通过快捷键“Ctrl+Alt+Shift+E”盖印图层，并选择面板下方的“创建新的填充或调整图层”当中的“色彩平衡”，参数如图9-60所示。

（18）补充销售文字信息“全场5折起 满399元送枸杞”，完成该设计。将文件另存至所需的文件夹，快捷键为“Ctrl+Shift+S”，选择格式为JPEG，完成设计如图9-61所示。

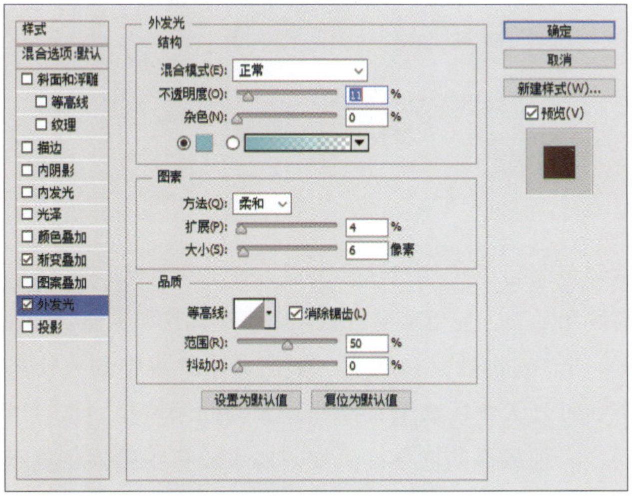

图9-59 “外发光”图层样式参数设置2

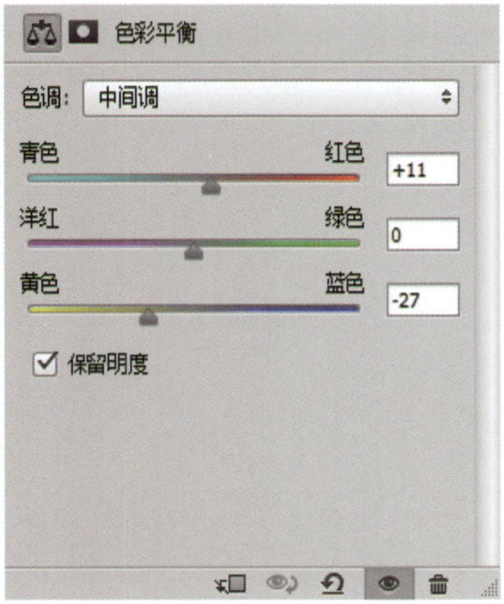

图9-60 “色彩平衡”面板

图9-61 完成设计

Ps

经验指导

设计海报时，注意图文搭配，突出产品特点。文案围绕产品卖点。字体做一些装饰能丰富画面，但当画面当中有过多的元素时，会影响主体的表现。设计时既要保证产品展示的原汁原味，又要通过写实的手法表现产品的美感，需要设计师根据不同产品的特点选择合适的排版和图文表达形式。

拓展训练

以“中国成语故事”为主题，绘制动画场景画面，如图9-62所示，以下是一些补充设计建议：

1. 场景选择：选择与成语故事情节相关的场景。根据故事的背景和环境，选择适合的场景来呈现故事的情境。例如，如果成语故事发生在山水之间，可以选择绘制山脉和江河的场景。

2. 光影效果：考虑使用光影效果来增强画面的氛围和情感。光影可以营造出不同的气氛，例如明亮的阳光、柔和的黄昏或神秘的月光。

3. 色彩选择：选择合适的故事情节和情感表达色彩方案。色彩可以传达情绪和情感，例如使用明亮的色彩来表达喜悦和活力，使用暗淡的色彩来表达忧伤和紧张。

4. 人物表情和动作：根据成语故事中的人物角色和情节，设计人物的表情和动作。人物的表情和动作可以传达情感，表现故事的发展。例如，如果故事中的人物处于紧张的情境中，可以设计他们的表情和动作来表现出紧张和焦虑。

5. 构图和视角：选择合适的构图和视角来呈现故事情景。构图和视角可以影响观众对画面的感知和理解。考虑使用不同的角度和视点来展示故事的场景和人物。

图9-62　中国成语故事

参考文献

[1] 王亚全，王海燕，安永梅．Photoshop CC综合实例教程［M］．武汉：华中科技大学出版社，2017.

[2] 王亚全，高丹．Photoshop CC图形图像应用解析［M］．北京：电子工业出版社，2022.

[3] 凤凰高新教育．中文版Photoshop CC完全自学教程［M］. 北京：北京大学出版社，2020.

[4] 尤凤英，谢浩．Photoshop平面设计项目教程［M］．北京：清华大学出版社, 2021.

[5] 李涛．高手之路Photoshop系统教程［M］．北京：人民邮电出版社，2021.

[6] 夏磊，林洁，吴桥，等．Adobe Photoshop官方认证标准教材［M］．北京：清华大学出版社，2022.

[7] 李金明，李金蓉．Photoshop 2024完全自学教程［M］．北京：人民邮电出版社，2024.